Web 前端开发系列丛书

Bootstrap 响应式网站开发实战

车云月　主编

清华大学出版社

北　京

内 容 简 介

Bootstrap 是 2011 年 8 月 Tiwtter 推出的开源前端框架，现在 Bootstrap 已经成为流行的前端 UI 框架。本书主要讲解了 Bootstrap 的框架基础、栅格系统、基本样式、组件、插件等基础内容，以及利用 Bootstrap 开发实际网站、LESS 和 SASS、定制及优化 Bootstrap、响应式企业网站开发等应用内容。本书着力于 Bootstrap 的内核开发原理，通过大量案例和讲解代码的方式，让读者能感受到 Bootstrap 的 LESS 文件应用于自定义样式的强大威力，掌握用 Bootstrap 的 JavaScript 插件设计专业的用户交互。案例由浅入深，既各自独立，又环环相扣，丰富的代码加上细致的讲解，让读者极易上手。

本书适合 Bootstrap 初学者作为学习用书，也可作为企业网站开发人员的参考书。

图书在版编目（CIP）数据

Bootstrap 响应式网站开发实战/车云月主编． —北京：清华大学出版社，2018（2020.7重印）
（Web 前端开发系列丛书）
ISBN 978-7-302-46416-7

Ⅰ．①B… Ⅱ．①车… Ⅲ．①网页制作工具 Ⅳ．①TP393.092.2

中国版本图书馆 CIP 数据核字（2017）第 023658 号

责任编辑：杨静华
封面设计：刘　超
版式设计：魏　远
责任校对：王　云
责任印制：沈　露

出版发行：清华大学出版社
　　　　网　　　址：http://www.tup.com.cn，http://www.wqbook.com
　　　　地　　　址：北京清华大学学研大厦 A 座　　　　邮　　编：100084
　　　　社 总 机：010-62770175　　　　　　　　　　邮　　购：010-62786544
　　　　投稿与读者服务：010-62776969，c-service@tup.tsinghua.edu.cn
　　　　质 量 反 馈：010-62772015，zhiliang@tup.tsinghua.edu.cn
印 装 者：三河市君旺印务有限公司
经　　销：全国新华书店
开　　本：185mm×260mm　　　印　　张：12.75　　　字　　数：298 千字
版　　次：2018 年 1 月第 1 版　　　　　　　印　　次：2020 年 7 月第 4 次印刷
定　　价：49.80 元

产品编号：073967-01

本书说明

Bootstrap 是 2011 年 8 月 Tiwtter 推出的开源前端框架,现在 Bootstrap 已经成为流行的前端 UI 框架,本书着力于 Bootstrap 的内核开发原理,通过大量案例和讲解代码的方式,让读者能感受 Bootstrap 的 LESS 文件应用于自定义样式的强大威力,以及掌握用 Bootstrap 的 JavaScript 插件设计专业的用户交互。案例由浅入深,既各自独立,又环环相扣,丰富的代码加上细致的讲解,让读者极易上手。

谁适合读这本书

本书适合有一定 HTML/CSS 基础的开发人员和爱好者阅读学习,经验丰富的开发人员也可以把它当作参考书。

本书讲到了 Bootstrap 的 jQuery 插件,读者如果熟练掌握 JavaScript 会更好地理解相关内容。本书将用到 SASS 定制开发项目,如果熟悉 CSS 预处理程序的读者会更加牢固掌握 SASS 的应用细节,对于不了解这些知识的读者,也能从实际项目中理解 CSS 预处理程序的优势及应用方法。

这本书讲了什么

第 1 章:认识 Bootstrap,初步了解 Bootstrap 及为什么要使用 Bootstrap。

第 2 章:Bootstrap 框架基础,讲解如何下载 Bootstrap,以及设计一个符合 HTML5 标准的网页布局。

第 3 章:Bootstrap 栅格系统,讲解 Bootstrap 栅格系统的固定布局、流式布局、响应式布局的知识。

第 4 章:Bootstrap 的基本样式,介绍 Bootstrap 字体版式、表格、表单、按钮、图片的基本样式引入。

第 5 章:使用 Bootstrap 的组件,介绍 Bootstrap 常用组件及应用场景。

第 6 章:LESS 和 SASS,介绍目前最流行的 CSS 预处理语言 LESS、SASS 及 Compass 的使用方法。

第 7 章:使用 Bootstrap 插件,介绍 Bootstrap 插件的使用方法。

第 8 章:定制及优化 Bootstrap,介绍 Bootstrap 的定制方法。

第 9 章:开发响应式企业网站,创建一个基本的企业门户网站全程解析,在开发中会应用 SASS,从而在实战中领略 CSS 预处理的威力。

第 10 章:网站后台管理系统,解析 Bootstrap 开发论坛后台管理流程及方法。

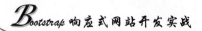

第 11 章：使用 Bootstrap 实现电商网站，熟悉电子商务网站的开发流程。

第 12 章：Bootstrap 内核解码，在全面掌握了 Bootstrap 之后，进入一个新的高度，从设计者的角度去学习 Bootstrap 的设计开发思想，以便于应用这些思想开发自己的前端框架。

在本书的编写过程中，新迈尔（北京）科技有限公司教研中心通过岗位分析、企业调研，力求将最实用的技术呈现给读者，以达到我们培养技能型专业人才的目标。

本书配有相关素材与案例，学习时先阅读再尝试独立完成，虽然我们经过了精心的编审，但也难免存在不足之处，希望读者朋友提出宝贵的意见，以使我们的教材日趋完善。在使用中如果遇到问题请发送邮件至 zhoux@itzpark.com，在此表示衷心的感谢。

技术改变生活，新迈尔与您一路同行，祝学习 Bootstrap 的旅程愉快！

序 言

Preface

近年来，移动互联网、大数据、云计算、物联网、虚拟现实、机器人、无人驾驶、智能制造等新兴产业发展迅速，但国内人才培养却相对滞后，存在"基础人才多、骨干人才缺、战略人才稀，人才结构不均衡"的突出问题，这严重制约着我国战略新兴产业的快速发展。同时，"重使用、轻培养"的人才观依然存在，可持续性培养机制缺乏。因此，建立战略新兴产业人才培养体系，形成可持续发展的人才生态环境刻不容缓。

中关村作为我国高科技产业中心、战略新兴产业的策源地、创新创业的高地，对全国的战略新兴产业、创新创业的发展起着引领和示范作用，基于此，新迈尔（北京）科技有限公司依托中关村优质资源，聚集高新技术企业的技术总监、架构师、资深工程师，共同开发了与面向行业紧缺岗位相关的系列丛书，希望能缓解战略新兴产业需要快速发展与行业技术人才匮乏之间的矛盾，能改变企业需要专业技术人才与高校毕业生的技术水平不足之间的矛盾。

优秀的职业教育本质上是一种更直接面向企业、服务产业、促进就业的教育，是高等教育体系中与社会发展联系最密切的部分。而职业教育的核心是"教""学""习"的有机融合、互相驱动，要做好"教"必须要有优质的课程和师资，要做好"学"必须要有先进的教学和学生管理模式，要做好"习"必须要以案例为核心，注重实践和实习。新迈尔（北京）科技有限公司通过对当前国内高等教育现状的研究，结合国内外先进的教育教学理念，形成了科学的教育产品设计理念、标准化的产品研发方法、先进的教学模式和系统性的学生管理体系，在我国职业教育正在迅速发展、教学改革日益深入的今天，新迈尔（北京）科技有限公司将不断沉淀和推广先进的、行之有效的人才培养经验，以推动整个职业教育的改革向纵深发展。

通过大量企业调研，目前 Web 前端架构与开发方向面临着人才供不应求的局面，很多具备该技能的工程师刚刚入职的起薪就可以达到其他行业平均工资的 3～5 倍，本系列教材覆盖 UI 设计、Web 前端开发、PHP 后台开发等模块，教学和学习目标是让学习者能够独立开发出商业网站。

任务导向、案例教学和注重实战经验传递是本系列丛书的显著特点，这改变了先教知识后学应用的传统学习模式，根治了初学者对技术类课程感到枯燥和茫然的学习心态，激发了学习者的学习兴趣，打造学习的成就感，建立对所学知识和技能的信心，是对传统学习模式的一次改进。

Web 前端架构与开发系列丛书有以下特点。

☑ 以就业为导向：根据企业岗位需求组织教学内容，就业目的非常明确。

☑ 以实用技能为核心：以企业实战技术为核心，确保技能的实用性。

☑ 以案例为主线：教材从实例出发，采用任务驱动教学模式，便于掌握，提升兴趣，本质上提高学习效果。

☑ 以动手能力为合格目标：注重培养实践能力，以是否能够独立完成真实项目为检验学习效果的标准。

☑ 以项目经验为教学目标：以大量真实案例为教与学的主要内容，完成本课程的学习后，相当于在企业完成了多个真实的项目。

信息技术的快速发展正在不断改变人们的生活方式，新迈尔（北京）科技有限公司也希望通过我们全体同仁和您的共同努力，让您真正掌握实用技术，变成复合型人才，能够实现高薪就业和技术改变命运的梦想，在助您成功的道路上我们一路同行。

新迈尔（北京）科技有限公司

目　录

Contents

第 1 章　认识 Bootstrap ………………………………………………… 1
1.1　为什么要学习 Bootstrap ………………………………………… 2
1.2　Bootstrap 为何如此流行 ………………………………………… 3
　　1.2.1　功能强大和样式美观的强强联合 ………………………… 3
　　1.2.2　高度可定制性 ……………………………………………… 3
　　1.2.3　丰富的生态圈 ……………………………………………… 4
　　1.2.4　布局兼容性良好 …………………………………………… 5
1.3　Bootstrap 的版本发展 …………………………………………… 5
　　1.3.1　Bootstrap 1 ………………………………………………… 5
　　1.3.2　Bootstrap 2 ………………………………………………… 5
　　1.3.3　Bootstrap 3 ………………………………………………… 7
　　1.3.4　Bootstrap 4 ………………………………………………… 8
本章总结 ……………………………………………………………… 8
本章作业 ……………………………………………………………… 8

第 2 章　Bootstrap 框架基础 ………………………………………… 9
2.1　引入 Bootstrap …………………………………………………… 10
　　2.1.1　在自己的项目中引入 Bootstrap ………………………… 10
　　2.1.2　添加 Bootstrap 的 class 实现基本样式 ………………… 11
2.2　Bootstrap 的通用组件调用 ……………………………………… 12
2.3　添加 JavaScript 动态效果 ……………………………………… 13
本章总结 ……………………………………………………………… 14
本章作业 ……………………………………………………………… 14

第 3 章　Bootstrap 栅格系统 ………………………………………… 15
3.1　固定布局的概念 …………………………………………………… 16
3.2　固定布局的栅格系统 ……………………………………………… 17
3.3　流式布局的栅格系统 ……………………………………………… 18
3.4　响应式布局的栅格系统 …………………………………………… 18
本章总结 ……………………………………………………………… 20
本章作业 ……………………………………………………………… 21

第 4 章　Bootstrap 的基本样式 ······················· 22

4.1　字体版式 ··· 23

　4.1.1　标题 ·· 23

　4.1.2　全局设置 ·· 24

4.2　表格 ·· 24

4.3　按钮 ·· 26

4.4　表单 ·· 27

4.5　图片 ·· 29

本章总结 ·· 30

本章作业 ·· 31

第 5 章　使用 Bootstrap 的组件 ······················· 32

5.1　下拉菜单 ··· 33

5.2　按钮组 ·· 34

5.3　input 控件组 ·· 35

5.4　导航 ·· 35

5.5　头部导航 ··· 36

5.6　列表组 ·· 39

5.7　分页 ·· 40

5.8　标签与徽章 ·· 41

5.9　缩略图 ·· 42

5.10　面板 ··· 43

5.11　进度条 ·· 45

5.12　多媒体对象 ·· 47

本章总结 ·· 48

本章作业 ·· 48

第 6 章　LESS 和 SASS ··································· 51

6.1　为什么要用 CSS 预处理程序 ······················ 52

　6.1.1　CSS 不能设置变量 ································· 52

　6.1.2　冗余重复的代码 ···································· 52

　6.1.3　无法实现计算功能 ································· 52

　6.1.4　命名空间与作用域 ································· 53

　6.1.5　CSS 缺陷总结 ······································ 54

6.2　LESS 的应用 ·· 54

　6.2.1　LESS 介绍 ··· 54

　6.2.2　LESS 使用基础 ····································· 55

　6.2.3　使用变量 ·· 55

　6.2.4　使用混合 ·· 56

　6.2.5　嵌套规则 ·· 57

6.2.6 函数和运算 ·· 57

  6.2.7 LESS 语言总结 ··· 58

 6.3 SASS 的应用 ·· 58

  6.3.1 SASS 介绍 ·· 58

  6.3.2 SASS 安装和使用 ····································· 59

  6.3.3 使用变量 ·· 59

  6.3.4 计算 ·· 60

  6.3.5 嵌套 ·· 60

  6.3.6 代码重用 ·· 60

  6.3.7 高级用法 ·· 62

  6.3.8 SASS 总结 ·· 62

 6.4 使用 SASS 的扩展库 Compass ······················· 63

  6.4.1 Reset 模块 ·· 64

  6.4.2 CSS3 模块 ·· 64

  6.4.3 Utilities 模块 ··· 66

  6.4.4 Helpers 函数 ·· 67

  6.4.5 Compass 总结 ·· 68

 本章总结 ·· 68

第 7 章 使用 Bootstrap 插件 ······························· 69

 7.1 概述 ·· 70

 7.2 过渡插件 ·· 70

 7.3 模态对话框 ·· 70

  7.3.1 用法 ·· 71

  7.3.2 对话框结构 ·· 71

 7.4 标签页切换 ·· 72

  7.4.1 标签页用法 ·· 73

  7.4.2 用 jQuery 实现标签页切换 ······················ 73

 7.5 工具提示条 ·· 73

  7.5.1 用法 ·· 73

  7.5.2 用 js 使标签页生效 ································· 74

 7.6 弹出框 ·· 74

  7.6.1 用法 ·· 74

  7.6.2 用 js 使弹出框生效 ································· 74

 7.7 提示信息 ·· 74

  7.7.1 用法 ·· 75

  7.7.2 选项 ·· 75

 7.8 按钮 ·· 75

  7.8.1 按钮的 Loading 状态 ······························ 75

7.8.2　按钮组的状态设置 ································ 76

7.9　折叠 ·· 76

7.9.1　用法 ·· 77

7.9.2　选项 ·· 78

7.10　幻灯片 ·· 78

7.10.1　用法 ······································· 79

7.10.2　选项 ······································· 79

本章总结 ·· 80

本章作业 ·· 80

第 8 章　定制及优化 Bootstrap ·························· 81

8.1　在官方网站进行 Bootstrap 定制 ···················· 81

8.2　修改源代码定制 Bootstrap ························ 83

8.3　其他 Bootstrap 资源 ···························· 86

本章总结 ·· 87

本章作业 ·· 88

第 9 章　开发响应式企业网站 ·························· 89

9.1　布局企业站首页 ································ 90

9.1.1　准备 SASS ····································· 91

9.1.2　构建页面框架 ·································· 91

9.2　设计首页 ······································ 91

9.2.1　设计 index 页面导航 ····························· 91

9.2.2　设计安全展示区 ································ 94

9.2.3　添加搜索栏 ···································· 94

9.2.4　主体内容区块 ·································· 95

9.2.5　添加另一主体内容区块 ··························· 96

9.2.6　添加一个两栏图文区块 ··························· 97

9.2.7　添加另一个两栏图文区块 ·························· 98

9.2.8　添加 footer 区块 ································ 99

9.2.9　添加页面样式 ·································· 100

9.3　设计 about.html 页面 ····························· 112

9.3.1　保留页面通用部分，添加 about.html 页面区块 ·········· 112

9.3.2　添加页面主体区块 ······························ 112

9.3.3　添加团队展示区块 ······························ 115

9.3.4　添加另一标题区块 ······························ 116

9.3.5　为 about.html 页面添加样式 ······················ 116

9.4　设计 services.html 页面 ··························· 118

9.4.1　保留页面通用部分，修改主体页面区块 ·············· 118

9.4.2　添加 what we do 区块 ··························· 122

目录

9.4.3　添加 scss 样式 ···································· 124

9.5　设计 blog.html 页面 ······························· 126
9.5.1　保留页面通用部分，修改主体页面区块 ·········· 126
9.5.2　添加 blog.html 样式 ···························· 129

9.6　设计 contact.html 页面 ··························· 130
9.6.1　保留页面通用部分，添加公司地址 ············· 130
9.6.2　添加用户表单 ································· 131

9.7　用媒体查询进行移动端优化设计 ···················· 132
本章总结 ··· 133
本章作业 ··· 133

第 10 章　网站后台管理系统 ···························· 135
10.1　项目开始 ··· 136
10.2　页面布局 ··· 136
10.2.1　引入 Bootstrap 3 框架 ························ 137
10.2.2　编写布局代码 ································· 137
10.3　实现导航栏 ······································· 138
10.3.1　构建导航的框架代码 ·························· 138
10.3.2　填写标题和导航链接 ·························· 139
10.3.3　添加管理员和退出系统按钮 ···················· 139
10.3.4　添加管理员登录信息 ·························· 140
10.3.5　为导航添加图标并设置响应式导航 ·············· 141
10.4　实现左侧边栏 ····································· 143
10.5　实现主功能部分 ··································· 143
10.5.1　主功能的头部 ································· 143
10.5.2　内容管理的文章列表 ·························· 145
本章总结 ··· 149
本章作业 ··· 149

第 11 章　使用 Bootstrap 实现电商网站 ················· 151
11.1　设计电商首页 index.html ·························· 152
11.1.1　搭建 Bootstrap 框架 ··························· 152
11.1.2　为商城创建导航菜单 ·························· 153
11.1.3　向导航添加目录和导航链接 ···················· 154
11.1.4　为页面添加 Banner ···························· 156
11.1.5　添加产品目录 ································· 157
11.1.6　为网站添加底部 Footer ························ 158
11.1.7　添加产品列表及产品介绍 ······················ 159
11.2　设计购买页面 buy.html ···························· 162
11.3　设计列表页 category.html ························· 166

11.4 设计产品详情页 product.html ··166

本章总结 ··173

本章作业 ··174

第 12 章 Bootstrap 内核解码 ··175

12.1 Bootstrap 设计思想 ···176

12.1.1 12 列栅格系统 ··176

12.1.2 样式类型化 ···177

12.1.3 代码松散与耦合的处理 ··178

12.1.4 继承可扩展性 ···179

12.2 Bootstrap 框架解析 ···180

12.2.1 源码结构 ···180

12.2.2 类定义 ··181

12.2.3 插件定义 ···183

12.2.4 命名冲突的解决 ··184

12.2.5 数据接口 ···184

12.3 定义 jQuery 插件 ···185

12.3.1 jQuery 插件形式 ···185

12.3.2 jQuery 插件规范 ···185

12.3.3 jQuery 插件封装 ···187

本章总结 ··189

本章作业 ··189

认识 Bootstrap

本章简介

　　本章主要介绍目前最流行的前端一体化框架 Bootstrap 的基本信息、使用场景和使用方法。对于互联网工具来说，借助官方或者翻译好的使用手册无疑是工作中查询效率最高的手段，因此本章着重介绍一些实战中经常出现的问题和相应的解决方案。

本章工作任务

　　如何对 Bootstrap 进行个性化定制。

本章技能目标

➢　了解 Bootstrap 能做什么、解决了什么问题。
➢　掌握使用 Bootstrap 的方法。
➢　掌握对 Bootstrap 进行个性化定制的方法。

预习作业

　　1. 背诵英文单词
　　请在预习时找出下列单词在教材中的用法，了解它们的含义和发音，并填写于横线处。

Bootstrap＿＿＿＿＿＿＿＿＿＿＿＿＿＿＿＿＿＿＿＿＿＿＿＿＿＿＿＿＿＿＿＿＿＿＿＿

Source＿＿＿＿＿＿＿＿＿＿＿＿＿＿＿＿＿＿＿＿＿＿＿＿＿＿＿＿＿＿＿＿＿＿＿＿＿＿

Success＿＿＿＿＿＿＿＿＿＿＿＿＿＿＿＿＿＿＿＿＿＿＿＿＿＿＿＿＿＿＿＿＿＿＿＿＿

Primary＿＿＿＿＿＿＿＿＿＿＿＿＿＿＿＿＿＿＿＿＿＿＿＿＿＿＿＿＿＿＿＿＿＿＿＿＿

Default_____

Info_____

Warning_____

Danger_____

2．预习并回答以下问题

请阅读本章内容，在作业本上完成以下简答题：

（1）Bootstrap 是什么？

（2）Bootstrap 为何如此流行？

（3）Bootstrap 2 与 Bootstrap 3 的区别。

（4）为什么选择 Bootstrap 3？

1.1　为什么要学习 Bootstrap

随着移动设备的普及，如何让用户通过移动设备浏览网站时获得良好的视觉效果，已经是一个不可回避的问题。响应式 Web 设计就是实现这个功能的有效方法。在这样的大趋势下，Bootstrap 应运而生。

Bootstrap 是现在最流行的响应式 UI 框架，它以移动设备优先，能够快速适应不同设备，如图 1.1 所示，使用它编写响应式页面快捷、方便，解决了浏览器的兼容性问题。使用 Bootstrap 后，很多开发者都会觉得自己再也不想回到使用原始的 CSS 编写网页的日子。

图 1.1　响应式 Web 适应不同设备

Bootstrap 是 Twitter 公司（www.twitter.com）于 2011 年 8 月开源的整体式前端框架，目的是帮助设计师和 Web 前端开发人员快速有效地创建结构简单、性能优良、页面精致的 Web 应用程序。经过短短几个月的时间就红遍全球，大量 Bootstrap 风格的网站出现在互联网的信息浪潮之中，而应用更为广泛的是它的后台管理界面。笔者近两年接触的所有互联网项目的后台均采用了 Bootstrap 进行构建。

Bootstrap 的官方网站地址是 http://getbootstrap.com/，界面如图 1.2 所示。可以在官网

下载最新的版本和详细的使用说明文档。目前，国内也有不错的 Bootstrap 汉化版本，网址是 http://www. bootcss.com/。

图 1.2　Bootstrap 官网

截止本书印刷时，最新版本是 Bootstrap 3.3.7，当前 Bootstrap 官网正在大力宣传即将推出的新版 Bootstrap 4。

1.2　Bootstrap 为何如此流行

1.2.1　功能强大和样式美观的强强联合

Bootstrap 包含了绝大多数的常用页面组件和动态效果，并且是由专业的网页设计师精心制作的，非常美观精致，即使是一个没有专业网页设计师的团队也可以利用 Bootstrap 快速地构建简洁美观的页面，而在 Bootstrap 出现之前，快速和美观往往是互斥的。

一些大型互联网公司（如 Google、雅虎、新浪、百度等）都会有强大的内部通用样式库和 JavaScript 组件库，但它们一方面是不开源的，另一方面大部分库都带有这些公司的特定风格和烙印，即使开源，应用面也并不广泛。

Bootstrap 使用起来非常简单，并且有非常详尽的文档，如图 1.3 所示，甚至可以不用查看代码，只需将文档当作"黑盒"来使用，就可以构建出相当漂亮的页面效果，而且样式类的语义性非常好，根据英文单词的意义很容易记忆。

1.2.2　高度可定制性

Bootstrap 的一大优点是它极佳的可定制性，一方面可以有选择性地只下载自己需要的组件，另一方面在下载前可以调配参数来匹配自己的项目，如图 1.4 所示。由于 Bootstrap 是完全开源的，使用者也可以根据自己的需要来更改代码。

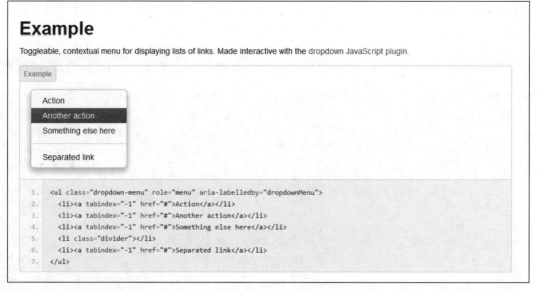

图 1.3　Bootstrap 模块使用示例

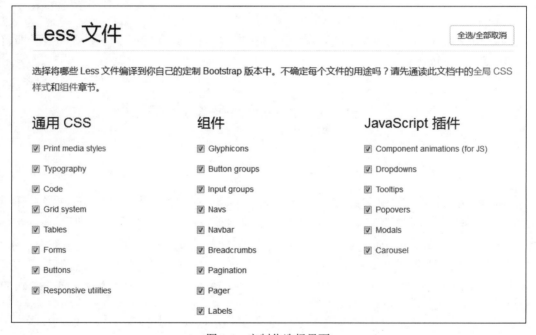

图 1.4　定制化选择界面

1.2.3　丰富的生态圈

　　Bootstrap 如此优秀，于是在 Web 开发领域出现了很多基于 Bootstrap 的插件，一些集成的 CMS 也开始应用 Bootstrap。例如图标字体插件 Font Awesome、富文本编辑器插件 Bootstrap-wysihtm15、Rails 插件 Bootstrap-sass 等，还有很多基于 Bootstrap 的"皮肤"插件，避免了 Bootstrap 流行后同质化（也就是大量涌出的 Bootstrap 默认样式的网站）的严重的问题，例如基于 Window Metro 风格的 Flat UI、基于 Google 风格的 Google Bootstrap。

国内外都有 Bootstrap 的免费 CDN 加速服务，这更推动了 Bootstrap 的流行，由于国内无法使用 Google 的 CDN，建议使用百度 CDN 加速服务：

（1）未压缩版本

```
<script src="http://libs.baidu.com/bootstrap/2.0.4/js/bootstrap.js"></script>
<link href="http://libs.baidu.com/bootstrap/2.0.4/css/bootstrap.css" rel="stylesheet">
```

（2）压缩后的版本

```
<script src="http://libs.baidu.com/bootstrap/2.0.4/js/bootstrap.min.js"></script>
<link href="http://libs.baidu.com/bootstrap/2.0.4/css/bootstrap.min.css" rel="stylesheet">
```

1.2.4 布局兼容性良好

虽然 Bootstrap 采用了很多 CSS3 的效果，但是在布局上可以兼容 IE7。使用 Bootstrap 可以在很大程度上避免 IE 浏览器下的布局错乱。当然，在较老版本的 IE 浏览器下，效果会打一些折扣。

1.3 Bootstrap 的版本发展

1.3.1 Bootstrap 1

2011 年 8 月，Twitter 推出了用于快速搭建 Web 应用程序的轻量级前端开发工具 Bootstrap，该工具由 Twitter 的设计师 Mark Otto 和 Jacob Thomton 合作完成。Bootstrap 是一套用于开发 Web 应用程序，符合 HTML 和 CSS 简洁优美、规范的库。Bootstrap 由动态 CSS 语言 LESS 写成，在很多方面类似 CSS 框架 Blueprint。经过编译后，Bootstrap 就是众多 CSS 的合集。

Bootstrap 的内置样式继承了 Mark Otto 简洁亮丽的设计风格，便于开发团队快速部署一个外观尚可的 Web 应用程序。对于普遍缺乏优秀前端开发人员的创业团队来说，在某种程度上 Bootstrap 可以让他们在没有设计师的情况下完成一个 UI 较为理想的作品。

1.3.2 Bootstrap 2

2012 年 1 月，Twitter 在开发者博客上公布消息，其 6 个月前发布的轻量级前端开发工具 Bootstrap 迎来重大改进，正式升级为 Bootstrap 2。和 Bootstrap 1 一样，Bootstrap 2 仍然是一个托管在 GitHub 上的开源项目。

在开发 Bootstrap 2 的过程中，Mark Otto 参考了不少来自社区的意见并借鉴了自己在 Twitter 前端重新设计过程中积累的经验。除了增加新样式外，Bootstrap 2 修改了一些网页元素的默认样式，除去了上一版本中的几十个 bug，同时完善了说明文档。BootStrap 2 在原有特性的基础上着重改进了用户的体验和交互性，如新增加的媒体展示功能，适用于智能手机上多种屏幕规格的响应式布局，另外还新增了 12 款 iQuery 插件，可以满足 Web 页面常用的用户体验和交互功能。

Bootstrap 2 的一个重大改进是添加了响应式设计特性，Bootstrap 1 中并不支持这一特性，这让很多开发人员不满。为了提供更好的针对移动设备的响应式设计方案，Bootstrap 2 采用了更为灵活的 12 栏栅格布局。此外，它还更新了一些进度栏以及可定制的图片缩略图，并增加了一些新样式。值得关注的是，Bootstrap 是一个非常轻量级的框架，Bootstrap 2 在压缩后也只有 10KB。

Bootstrap 2 采用了更灵活也更受欢迎的 12 栏栅格布局，并以此来实现其各种布局框架；增加了响应式设计，以适应各种移动终端的需求；完善和改进了原有样式库，并提供了更丰富的新样式，包括样式繁多的图标、漂亮易用的进度条等；改进和增加了自定义 iQuery 插件，完善文档，修复 bug，同时还提供了很多基于 Bootstrap 构建的网站样例。已经使用 Bootstrap 1.4 的开发者也不用担心，Bootstrap 专门提供了从 Bootstrap 1 升级到 Bootstrap 2 的手工向导来帮助用户升级。

Bootstrap 2 对现有框架进行了清晰的功能划分，主要分为脚手架（Scaffolding）、基础 CSS、构件库和 jQuery 插件库。

- ☑ Scaffolding 主要提供基于网格的各种布局，包括普通栅格系统、嵌入式栅格、固定布局、自适应布局，同时可以自定义网格和布局。Bootstrap 2 提供了响应式设计，可以通过单个文件支持各种手持设备，自适应不同的设备和屏幕变化。
- ☑ 基础 CSS 包括各种排版样式（标题、段落、引用块、列表、内联标签等），在代码展示方面提供了基于 code 标签的内嵌代码，基于 pre 的块代码和基于 Google Prettify 的代码样式。此外，提供各种表格、表单、按钮、图标的展示方式。
- ☑ 构件库提供了基于按钮、导航、标签、排版、警告、进度栏、图像网格等控件。
- ☑ jQuery 插件库则提供了十几种插件来实现动态效果，例如模态对话框、下拉项、标签页、工具提示、弹出提示、轮播等，开发者可以根据自己的业务需求使用不同的插件实现各种动态效果。

应用 Bootstrap 2 的案例有 NASA（如图 1.5 所示）和 MSNBC 的 BREAKING NEWS（如图 1.6 所示）。

图 1.5　Bootstrap 2 的应用案例 NASA

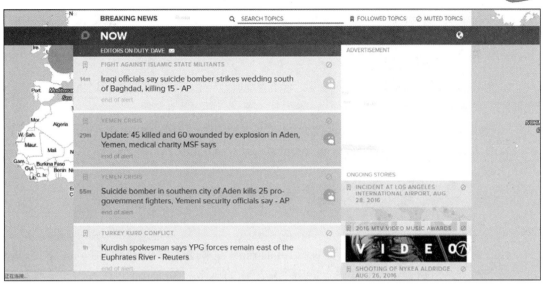

图 1.6   Bootstrap 2 的应用案例 BREAKING NEWS

1.3.3   Bootstrap 3

自 2012 年 12 月 Bootstrap 2.2.2 发布后，开发团队开始将精力放在下一个主要版本 Bootstrap 3 的研发上。该团队在博客中透露了 Bootstrap 3 版本的开发计划（http://blog. getbootstrap.com/2012/12/ 10/bootstrap-3-plans/）。

Bootstrap 3 将主要致力于对之前版本的改善，将放弃一些旧代码，改善 CSS 的响应速度，而且体现了社区所做出的努力。该版本的开发计划如下：

- ☑   将 twitter/bootstrap、twitter/bootstrap-server 和 mdo/bootstrap-blog（一个私有库）迁移到 twbs。
- ☑   更改网站 URL 为 http://getbootstrap.com，之前为跳转 URL。
- ☑   将所有 LESS 代码（包括响应样式）编译到一个单独的 CSS 文件中。
- ☑   完全放弃对 IE7、Firefox 3.x 的支持。
- ☑   使用@font-face 版本的 Glyphicons 图标，代替先前的 PNG 目标。
- ☑   采用 MIT 许可证，代替先前的 Apache 许可证。
- ☑   放弃*-wip 分支样式的开发。
- ☑   所有版本下载均使用标签，开发工作采用更为细小的功能分支，并在 3.0 发布后合并到主分支。

2013 年 3 月，Bootstrap 发布了最新的预览版本，标签为 Bootstrap 3，这是它的第三个主要发行版本。该版本的主要更新（https://github.com/twitter/bootstrap/pull/6342）与开发计划基本一致，只是还改进了响应式 CSS，其中不乏来自社区的贡献。

当前的预览版本，到 Bootstrap 3 正式版发布时还会有更多的改进。该版本被标签为"移动优先"，因为进行了完全重写，以更好地适应手机浏览器。移动的风格可直接从库中感受到。

其他的改变还包括转换文档到 Jekyll 替代 Mustache，重做插图，更新支持 Retina 的示例截图，重新设计图标预览，更新所有示例以演示新的改进，通过插件改进 noConflict 等。

此外，Bootstrap 3 还包含一些其他重要的改进。

1.3.4 Bootstrap 4

本文截稿时，Bootstrap 4 正在开发，包含大量新特性，这将需要很长时间来开发，不过可以先从内测版开始测试。

完整的介绍内容参见 http://blog.getbootstrap.com/2015/12/08/bootstrap-4-alpha-2/。读者可以从网址 http://wiki.jikexueyuan.com/project/bootstrap4/获取 Bootstrap 4 预览版本。

本 章 总 结

目前 Bootstrap 的版本已经发展到了 Bootstrap 3。不过这并不意味着 Bootstrap 2 已退出了历史舞台。Bootstrap 3 在样式上采用了扁平化的风格，Bootstrap 2 在按钮、工具栏等位置更多地采用了立体的效果。它们之间并没有孰优孰劣的区别，更多的是设计风格的不同。使用者应该根据自己项目的实际需求来决定使用哪一个版本。

图 1.7 是 Bootstrap 2 和 Bootstrap 3 的按钮样式对比，可以发现 Bootstrap 2 的按钮有明显的凸起效果。

图 1.7　Bootstrap 2 和 Bootstrap 3 中的按钮对比效果

本 章 作 业

1．为什么使用 Bootstrap？
2．如何在项目中引入 Bootstrap？
3．Bootstrap 2 和 Bootstrap 3 的区别是什么？

Bootstrap 框架基础

本章简介

当开发工程师拿到一个开源框架时，如何引入这个框架，如何调用其中的组件，这些是他们最关心的问题。本章以这些问题为切入点，主要介绍 Bootstrap 的基本信息、使用场景和使用方法。对于互联网工具来说，借助官方或者翻译好的使用手册无疑是工作中查询效率最高的手段，因此本章会更多地依据笔者的使用经验，筛选出重点，着重介绍一些实战中经常出现的问题和相应的解决方案。

本章工作任务

如何引入 Bootstrap 的默认框架样式以及如何在项目中调用其组件与插件。

本章技能目标

➢ 在自己的项目中引入 Bootstrap 及添加实现基本样式。
➢ 调用 Bootstrap 的通用组件。
➢ 调用 Bootstrap 的插件。

预习作业

1. 背诵英文单词
请在预习时找出下列单词在教材中的用法，了解它们的含义和发音，并填写于横线处。

Table_____

Striped_____

Note

Navnavbar_____

Profile_____

Toggle_____

Setting_____

Message_____

2. 预习并回答以下问题

请阅读本章内容，在作业本上完成以下简答题：

（1）如何在自己的项目中引入 Bootstrap？

（2）如何调用 Bootstrap 的默认样式？

（3）如何添加 Bootstrap 的 JS 动态效果？

2.1　引入 Bootstrap

2.1.1　在自己的项目中引入 Bootstrap

Bootstrap 的源代码是使用 CSS 的预编译语言 LESS 编写的，关于 LESS，本书后面会详细介绍，不过 Bootstrap 最后需要使用的是编译好的 CSS 文件。

官方网站提供两个下载入口，一个是首页的 Download Bootstrap 按钮，如图 2.1 所示，另一个是首部导航栏的 Customize，这里可以提供定制化的下载。一般情况下，建议直接全部下载，在开发基本完成后，再考虑根据实际的使用情况进行定制化下载，以缩减前端代码。Bootstrap 目录结构如下所示：

图 2.1　Bootstrap 下载页面

bootstrap

|____css

||____bootstrap.css

||____bootstrap.min.css

||____bootstrap.css.map

||____bootstrap-theme.css

```
||____bootstrap-theme.min.css
||____bootstrap-theme.css.map
|____fonts
||____glyphiconshalflings-regular.eot
||____glyphiconshalflings-regular.svg
||____glyphiconshalflings-regular.ttf
||____glyphiconshalflings-regular.woff
|____js
||____bootstrap.js
||____bootstrap.min.js
```

解压 Bootstrap.zip 文件并将其中的内容复制到项目目录中，下一步就是在 HTML 文件中包含 CSS 和 JavaScript 文件。在 HTML 项目中引入 Bootstrap 的方法很简单，和引入其他 CSS 或 JavaScript 文件一样，使用<script>标签引入 JavaScript 文件，使用<link>标签引入 CSS 文件。不过需要注意的是，Bootstrap 的 JavaScript 效果全部都是基于 jQuery 的，因此如果需要使用 Bootstrap 的 JavaScript 动态效果，就必须先引入 jQuery。

示例 1：

```
<head>
    <link href="css/bootstrap.css" rel="stylesheet">
</head>
<body>
    <scriptsrc="js/jQuery.js"></script>
    <scriptsrc="js/bootstrap.js"></script>
</body>
```

注意： JavaScript 文件放在文档尾会有助于提高加载速度。

引入 Bootstrap 还可以使用第三方的 CDN 服务，Bootstrap 2 版本可以使用百度的 CDN 服务；Bootstrap 3 版本建议使用 Bootstrap 中文网提供的 CDN，网址是 http://open.bootcss.com/；当然如果是做国外的项目，首选 Google 的 CDN 服务。

2.1.2　添加 Bootstrap 的 class 实现基本样式

以编写表格为例，如果不使用 Bootstrap 或其他类似的框架，有以下两步：

（1）第一步构思设计表格的样式，包括宽度、高度、行高、对齐方式、边框等很多属性。如果一开始的设想与实际效果并不符合，还需要后面不断地调试。

（2）第二步需要编写相应的 HTML/CSS 代码，边写边调试，还要边思考如何给 id 或 class 命名，最后可能还需要上司或者同事进行考核。

如果要使用 Bootstrap，那么只需要引入 Bootstrap，然后在<table>标签中添加一个 class="table"，就可以获得 Bootstrap 设定好的表格样式，示例代码如下：

Note

示例 2：

```
<table class="table">    /*只需要添加 class="table" 即可*/
    <tr>
        <th>姓名</th>
        <th>年龄</th>
        <th>职业</th>
    </tr>
    <tr>
        <td>李晓乐<td>
        <td>18<td>
        <td>程序员<td>
    </tr>
</table>
```

效果如图 2.2 所示。

姓名	年龄	职业
李晓乐	18	程序员
李晓乐	18	程序员

图 2.2　Bootstrap 的表格样式

当然，Bootstrap 不会死板地只提供一种样式，对于表格来说，还可以通过添加 table-striped 类来添加斑马纹，添加 table-bordered 来为表格加上边框和圆角，如图 2.3 所示。

姓名	年龄	职业
李晓乐	18	程序员
李晓乐	18	程序员

图 2.3　带斑马线和边框的表格

2.2　Bootstrap 的通用组件调用

除了添加 class 的方式外，在布局方面，只要 class 命名和嵌套结构符合约定，就可以轻松地构建出一些通用组件。下面以导航条为例进行介绍。

示例 3：

```
<ul class="navnavbar-nav">
    <li><a href="#">首页</a></li>
    <li><a href="#">产品展示</a></li>
    <li><a href="#">关于我们</a></li>
    <li><a href="#">联系我们</a></li>
</ul>
```

只要符合 ul.navnavbar-nav>li 这样的 HTML 文档结构，就可以构建出一个顶部导航条，效果如图 2.4 所示。

图 2.4　顶部导航条

2.3　添加 JavaScript 动态效果

对于 Bootstrap 中的 JavaScript 效果的添加，一方面需要根据文档编写特定的 HTML 结构，另一方面需要调用 JavaScript 插件。下面以标签切换效果为例来讲解，如图 2.5 所示。

图 2.5　标签切换页

示例 4:

```
<ul class="navnav-tabs">
    <li class="active"><a href="#home" data-toggle="tab">首页</a></li>
    <li class=""><a href="#profile" data-toggle="tab">概述</a></li>
    <li class=""><a href="#messages" data-toggle="tab">信息</a></li>
    <li class=""><a href="#settings" data-toggle="tab">设置</a></li>
</ul>

<!--href 属性的值要和后面 tab-pine 中的 id 值对应-->

<div class="tab-content">
    <div class="tab-pane active" id="home">我是首页内容</div>
    <div class="tab-pane" id="profile">我是概述</div>
    <div class="tab-pane" id="messages">我是信息</div>
    <div class="tab-pane" id="settings">我是设置</div>
</div>
```

JavaScript 插件的调用一般有两种方式：一种采用 Bootstrap 自带的触发规则，在标签中添加 data-toggle="tab"这样的属性来实现，这种方式的好处是无须编写任何 JavaScript 代码就可以实现功能；另一种则类似变通 jQuery 插件的调用方式，例如以下代码。

```
<div id="myTabs">
    <ul class="navnav-tabs">
        <li class="active"><a href="#home1">首页</a></li>
        <li class=""><a href="#profile1">概述</a></li>
        <li class=""><a href="#messages1">信息</a></li>
        <li class=""><a href="#settings1">设置</a></li>
    </ul>

<!--href 属性的值要和后面 tab-pine 中的 id 值对应-->

    <div class="tab-content">
```

```
            <div class="tab-pane active" id="home1">我是首页内容</div>
            <div class="tab-pane" id="profile1">我是概述</div>
            <div class="tab-pane" id="messages1">我是信息</div>
            <div class="tab-pane" id="settings1">我是设置</div>
        </div>
    </div>
```

jQuery 插件实现的标签切换页如图 2.6 所示。

图 2.6　jQuery 插件实现的标签切换页

本　章　总　结

　　本章对 Bootstrap 进行了概述，需要了解的是：在项目中如何引入 Bootstrap？如何应用 Bootstrap 默认组件？以及 Bootstrap 如何调用 jQuery 插件？要抓住 Bootstrap 的设计思想：Bootstrap 是让 Web 开发变得更好、更快、更强的最佳实践。本章的学习将为以后正式在项目中应用 Bootstrap 打下良好的基础。

本　章　作　业

1. 用 Bootstrap 实现一个隔行变色的表格，如图 2.7 所示。

名称	城市	邮编
乐乐	北京	100000
莫莫	上海	200000
豆豆	天津	300000

图 2.7　隔行变色的表格

2. 用 Bootstrap 实现一个选项卡切换效果，如图 2.8 所示。

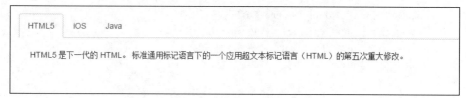

图 2.8　选项卡切换效果

Bootstrap 栅格系统

页面的布局历经二十多年的发展，已经被前人总结成大体的实用设计方法和辅助工具，本章将介绍当前流行的布局设计，以及用于辅助布局的栅格系统。

本章包括以下主要内容:

> 常用的固定布局设计与 960 栅格系统。

> 响应式设计与媒介查询的应用。

> Bootstrap 固定布局栅格系统、流式布局栅格系统、响应式布局栅格系统。

本章工作任务

掌握 Bootstrap 栅格系统的固定布局、流式布局、响应式布局的知识。

本章技能目标

> 了解什么是栅格系统。

> 掌握使用 Bootstrap 固定布局栅格系统。

> 掌握 Bootstrap 流式布局栅格系统。

> 掌握 Bootstrap 响应式布局栅格系统。

预习作业

1. 背诵英文单词

请在预习时找出下列单词在教材中的用法，了解它们的含义和发音，并填写于横线处。

Grid_____

System_____

fluid_____

Responsive_____

2. 预习并回答以下问题

请阅读本章内容，在作业本上完成以下简答题：

（1）什么是 960 栅格系统？

（2）什么是响应式布局？

（3）Bootstrap 固定布局栅格系统、流式布局栅格系统、响应式布局栅格系统的区别。

3.1　固定布局的概念

固定布局就是指各个部分都采用固定宽度的页面布局，如果缩放页面到窗口宽度小于页面宽度时，就会导致部分内容不可见，必须通过拖动滚动条才可以浏览全部内容。

虽然移动互联网来势汹涌，响应式、流式布局开始逐渐流行，但是在很多应用场景下，固定布局仍是最合适的。例如 B/S 结构的企业应用、海报宣传性质的页面等。而固定布局的稳定、简单、成熟也是前端技术造型中重要的考量。

在开发流程中，固定布局也是成熟而稳定的，从产品经理的草图到设计师的 PSD 设计稿，再到前端页面，全部是静态的，思路的传递简单明了、成本低廉。相对来说，响应式界面不仅在 HTML/CSS 编写上更为复杂，而且对产品经理和设计师的能力素质、沟通表达都有更高的要求，需要更多的沟通成本。

开发者不应盲目追求概念，更需要根据团队的情况、产品的需求、成本考量来综合考虑技术的选型。因此笔者认为即使移动风潮汹涌，固定布局很多场合下仍然不失为合适的选择。

大多数信息内容都较为复杂，以内容组织为主的网站都采用了居中 950/960 像素的 <div>元素来包裹页面的主体内容。例如前两年的雅虎、淘宝、新浪、搜狐都是 950 像素；MySpace、优酷、AOL 是 960 像素（目前这些网站大都经历了改版，例如 AOL 就已经是响应式的，如图 3.1 所示）。

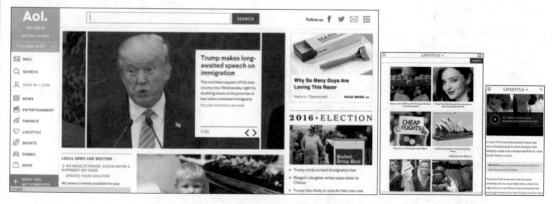

图 3.1　AOL 的 PC 平板手机的显示

为什么这些网站都不约而同地选择了这样的布局方式呢？一种说法是在早期电脑屏幕大多为 1024×768 的分辨率时，打开 Firefox 默认状态，窗体的大小约为 974×650，减掉左右边框的宽度，宽度大致就在 960 像素左右。

为什么不是 961 像素或者是 957 像素这样的值呢？除了整数好记以外，还有一些数学上的原因。

960 可以分解为 2 的 6 次方乘以 3 和 5，这样可以分割成以下宽度的整数倍：2，3，4，5，6，8，10，12，15，16，20，24，30，32，40，48，60，64，80，96，120，160，192，240，320，480。

整数倍共 26 种，可标记为：

$$N(960)=N(2^6×5×3)$$

根据数学归纳可以得到一个有趣的结论：要使得 N(width)最大，width 的取值必须是480、960 和 1920。

N 越大，可组合的宽度值就越多。对栅格系统来说，这意味着越灵活！

目前绝大多数显示器都支持 1024×768 及其上的分辨率，480 太窄，1920 则太宽（太宽不利于阅读），因此 960 就成为网页栅格系统中的最佳宽度。

至于 950 像素和 960 像素其实并没有本质上的区别，只是对左右外边距的设置不同，如果算上外边距的值，加起来也是 960 像素。

3.2　固定布局的栅格系统

1. 基础用法

Bootstrap 2 默认不自带响应式固定布局的 12 列栅格系统。栅格的宽度为 60 像素，分隔宽度为 20 像素，总宽度为 940 像素（不计算最左侧的分隔宽度）。

绝大多数的网站的内容都是居中布置的，Bootstrap 2 对此提供了一个让网站内容居中的"容器"。可以通过添加 class="container"来使用。为了配合 Bootstrap 2 内置的 12 列固定布局栅格，"容器"的宽度默认为 940 像素。

固定栅格使用起来非常简单，如下面的代码：

```
<divclass"container">
    <div class="row">
        <div class="span3">
        <!--构建左侧导航-->
        </div>
        <div class="span9">
        <!--构建右侧导航-->
        </div>
    </div>
</div>
```

注意：在使用栅格时需要在外边包裹 class="row"的元素。

如果外层的栅格数等于内层的栅格数总和时，必须使用 class="row"，否则会造成折行，以 span12 和 container 为例，它们都不包含最左边的外边距的宽度，而 span3+span9 则会多出来一个 20 像素的分隔宽度，而添加<div class="row">会自动加上这 20 像素，即<div class="row">宽度为 960 像素。

Bootstrap 3 中不再提供非响应式的固定布局，如果要禁用响应式布局，请执行以下操作：不要添加 viewport<meta>。

通过.container 设置一个 width 值从而覆盖框架的默认 width 设置，例如"width:970px !important;"。

如果使用导航条，需要移除所有导航条的折叠和展开行为。

对于栅格布局，额外增加.col-xs-*的类或替换掉.col-md-*和.col-lg-*，针对超小屏幕设备的栅格系统能够在所有分辨率的环境下展开。

2. 设置偏移量

栅格系统的意义之一就是统一网站的布局宽度和间距，便于信息的组织和代码的维护，由于阅读是从左至右进行的，因此在编写代码中经常需要设置 margin-left 属性来指定元素的偏移量，而使用了栅格系统后，margin-left 的值往往是固定的几个值，因此 Bootstrap 提供了 offset 类来帮助开发者，无须测量，也无须编写任何 CSS 代码就可以方便地设置偏移量。

每个类都给列的左边距增加了指定单位的列。例如，offset3 将元素右移了 3 个列的宽度：

```
<div class="row">
    <div class="span4">…</div>
    <div class="span3 offset3">…</div>
</div>
```

3.3　流式布局的栅格系统

固定布局的栅格系统采用固定宽度的栅格宽度、分隔宽度、偏移量，而对于一些需要自适应的场景，使用百分比作为宽度是更好的选择，这种布局方式一般称作流式布局。

将固定布局中外层的.row 类替换为.row-fluid 类，就可以实现流式布局的栅格系统，应用于每一列的类不用改变，这样能方便地在流式与固定栅格之间切换，例如：

```
<div class="row-fluid">
    <div class="span3">…</div>
    <div class="span9">…</div>
</div>
```

3.4　响应式布局的栅格系统

Bootstrap 2 和 Bootstrap 3 在响应式方面差别不大，比较大的区别在于 Bootstrap 2 更偏重于传统的 PC 端网页，默认不支持响应式，需要额外引入；而 Bootstrap 3 则恰好相反，默认就是响应式栅格系统，不再提供非响应式的固定布局。因此从灵活性角度考虑，反而是 Bootstrap 2 更好。

1. Bootstrap 2 中的响应式布局

先来看看 Bootstrap 2 提供的响应式方案。在 Bootstrap 2 中，必须额外引入响应式布局代码，在下载解压 Bootstrap 后，会有一个名为 Bootstrap-responsive.css 的文件。需要在 HTML 文档中引入这个文件，此外，还需要添加响应式必需的<meta>标签，代码示例如下：

```
<meta name="viewport" content="width=device-width, intial-scale=1.0">
<link href="assets/css/bootstrap-responsive.css rel="stylesheet">
```

在 3.2 节和 3.3 节中详细介绍了媒介查询和响应式设计的内容，手写响应式代码由于各人风格、水平的差异，同样的效果写出的代码可能大相径庭，而 Bootstrap 等框架对响应式的封装不仅仅提升了开发效率，也避免了多人协作和维护项目的难以协调和维护问题。

Bootstrap 2 根据市场上常用的设备宽度分隔了 5 个区间：
- ☑ 1200 像素以上的大屏幕设备，如台式机、13 寸以上的笔记本。
- ☑ 980~1200 像素之间的设备，如上网本、老式的窄屏显示器。
- ☑ 760~980 像素之间的主流平板。
- ☑ 480~768 像素的大屏手机或 6、7 寸的平板。
- ☑ 480 像素以下的小屏手机。

不同的区间中，栅格和 container 会使用不同的值来适应比例的变化，具体的数值请参照表 3.1。

表 3.1 Bootstrap 2 的响应式布局区间

类 型	布 局 宽 度	列 宽	间 隙 宽 度
大屏幕	大于等于 1200px	70px	30px
默认	大于 980px	60px	20px
平板	大于 768px	42px	20px
手机到平板	小于等于 767px	流式列，无固定宽度	
手机	小于等于 480px	流式列，无固定宽度	

2. Bootstrap 3 中的响应式布局

除了引入响应式以外，在功能方面 Bootstrap 3 与 Bootstrap 2 相比有两点较大的变化：
- ☑ 拥抱大屏幕，移除了小屏手机和大屏手机（480~768 像素）这个媒介查询的区间，768 像素以下的屏幕统一归为小屏幕设备。
- ☑ 设计了表现不同的栅格类，对栅格类的命名规则也做了很大的修改，更复杂但使用也更灵活，能适应更多的场景。

在 Bootstrap 2 中，栅格全部采用 span*作为前缀，而在 Bootstrap 3 中采用了 col-type-* 这样命名的前缀，其中 type 可以取 xs（超小屏）、sm（小屏）、md（中屏）、lg（大屏）4 个值。

通过表 3.2 可以详细查看 Bootstrap 3 的栅格系统是如何在多种屏幕设备上工作的。

表 3.2　Bootstrap 3 的响应式布局区间

	超小屏幕设备 手机（<768px）	小屏幕设备 平板（≥768px）	中等屏幕设备 桌面（≥992px）	大屏幕设备 桌面（≥120px）
栅格系统行为	总是水平排列	开始是堆叠在一起的，超过这些值将变为水平排列		
最大的 container 宽度	None（自动）	750px	970px	1170px
Class 前缀	.col-xs-	.col-sm-	.col-md-	.col-lg-
列数	12			
最大列宽	自动	60px	78px	95px
槽宽	30px（每列左右均有 15px）			
可嵌套	Yes			
Offsets	N/A	Yes		
列排序	N/A	Yes		

Bootstrap 中的响应式栅格用例如下：

```html
<div class="container">
  <div class="row">
    <div class="col-xs-12 col-sm-3 col-md-5 col-lg-4">
      <h1>体育新闻</h1>
      <h1>体育新闻</h1>
      <h1>体育新闻</h1>
    </div>
    <div class="col-xs-12 col-sm-9 col-md-7 col-lg-8">
      <p>美网第二轮纳达尔 6-0/7-5/6-1 塞皮闯入男单 32 强，并在本场比赛中成为了使用美网新顶棚的第一人。赛后他畅谈了美网顶棚初体验，并为组委会如何治理现场喧闹献言献策。</p>
    </div>
  </div>
</div>
```

代码生成效果如图 3.2 所示。

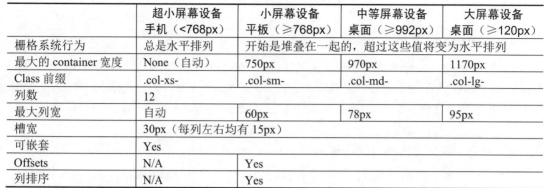

图 3.2　响应式栅格在不同屏幕下的效果

根据表 3.2 的介绍来看这个示例，可以发现在窗口尺寸大于 1200 像素时，左侧边栏占据 4 列宽度，右侧边栏占据 8 列宽度；尺寸在 992~1200px 之间时，左边栏占据 5 列宽度，右边栏占据 7 列宽度；而当尺寸在 768~992px 之间时，左侧边栏占据 3 列宽度，右侧边栏占据 9 列宽度。小于 768px 时，则左右侧边栏都占据 100%宽度，堆叠起来。

本 章 总 结

本章讲解了 Bootstrap 网格系统的原理及应用方法，现总结如下：

☑　行必须放置在 .container class 内，以便获得适当的对齐（alignment）和内边距（padding）。

☑　使用行来创建列的水平组。

☑　内容应该放置在列内，且唯有列可以是行的直接子元素。

☑　预定义的网格类，如 .row 和 .col-xs-4，可用于快速创建网格布局。LESS 混合类可用于更多语义布局。

☑　列通过内边距（padding）来创建列内容之间的间隙。该内边距是通过 .rows 上的外边距（margin）取负，表示第一列和最后一列的行偏移。

☑　网格系统是通过指定你想要横跨的 12 个可用的列来创建的。例如，要创建 3 个相等的列，则使用 3 个 .col-xs-4。

本 章 作 业

一、选择题

1．图 3.3 所示的代码错在哪里？（　　　）

　　A．样式 col 应该用最大值不应超过 12　　B．col-xs-* 应该比 col-sm-* 大

　　C．正确

2．图 3.4 所示的 Bootstrap 网格代码嵌套正确吗？（　　　）

　　A．错　　　　　　　　　　　　　　　　B．对

3．Bootstrap 支持移动优先的原则，意味着样式被设计成优先处理移动设备上的布局。（　　　）

　　A．对　　　　　　　　　　　　　　　　B．错

```
1 ▾ <div class="row">
2 ▾   <div class="col-xs-12 col-sm-15">
3       ...
4     </div>
5     ...
6   </div>
```

图 3.3　选择题 1 代码

```
1 ▾ <div class="container">
2 ▾   <div class="row">
3 ▾     <div class="col-sm-9">
4 ▾       <div class="col-sm-6">
5         ...
6       </div>
7 ▾     <div class="col-sm-6">
8         ...
9       </div>
10      </div>
11    </div>
12  </div>
```

图 3.4　选择题 2 代码

二、操作题

1．实现如图 3.5 所示的效果。

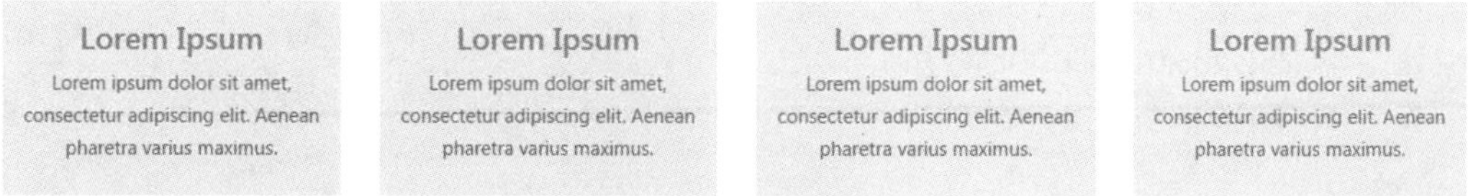

Lorem Ipsum	Lorem Ipsum	Lorem Ipsum	Lorem Ipsum
Lorem ipsum dolor sit amet, consectetur adipiscing elit. Aenean pharetra varius maximus.	Lorem ipsum dolor sit amet, consectetur adipiscing elit. Aenean pharetra varius maximus.	Lorem ipsum dolor sit amet, consectetur adipiscing elit. Aenean pharetra varius maximus.	Lorem ipsum dolor sit amet, consectetur adipiscing elit. Aenean pharetra varius maximus.

图 3.5　四列网格布局

2．实现如图 3.6 所示的效果。

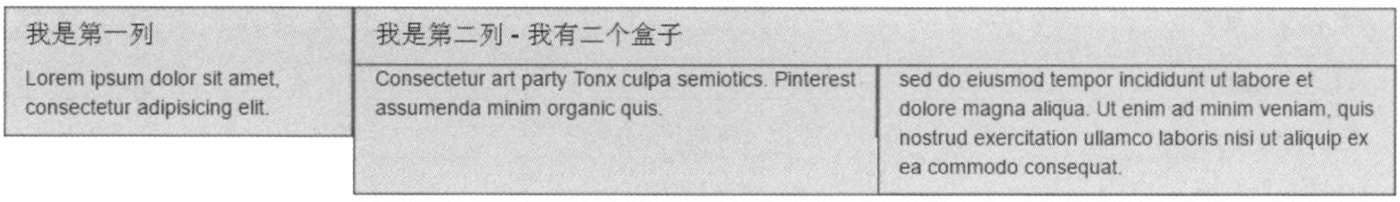

我是第一列	我是第二列 - 我有二个盒子	
Lorem ipsum dolor sit amet, consectetur adipisicing elit.	Consectetur art party Tonx culpa semiotics. Pinterest assumenda minim organic quis.	sed do eiusmod tempor incididunt ut labore et dolore magna aliqua. Ut enim ad minim veniam, quis nostrud exercitation ullamco laboris nisi ut aliquip ex ea commodo consequat.

图 3.6　嵌套网格布局

第4章

Bootstrap 的基本样式

本章简介

本章主要学习使用 Bootstrap 基本样式以及如何定制样式。

本章工作任务

实现 Bootstrap 的基本 CSS 样式。

本章技能目标

➢ 了解 Bootstrap 字体版式。
➢ 掌握 Bootstrap 表格的用法。
➢ 掌握 Bootstrap 表单的用法。
➢ 掌握 Bootstrap 按钮的用法。
➢ 掌握 Bootstrap 图片的用法。

预习作业

1. 背诵英文单词
请在预习时找出下列单词在教材中的用法，了解它们的含义和发音，并填写于横线处。

Alignment_____

Address_____

Blockquote_____

2. 预习并回答以下问题

请阅读本章内容，在作业本上完成以下简答题：

（1）Bootstrap 的基本样式有几大类？

（2）Bootstrap 字体版式有哪几种？

（3）如何用 Bootstrap 生成简洁高效的表格。

（4）Bootstrap 对表单的自动样式化有哪几种？

4.1　字体版式

文字不仅是传递信息的主要载体，也是页面版式的重要组成部分。网页开发项目中多使用图像、动画或视频等多媒体信息，可以让网页有更好的用户体验，但是文字传递的信息是最准确的，也是最丰富的。

字体和文字版式与传统印刷排版的版式相似，如字体类型、大小和颜色，段落文本的版式和样式，这些效果在网页中都可以通过 CSS 来实现。Bootstrap 通过重写标签默认样式，实现对页面字体版式的优化，以适应当前网页信息呈现的流行趋势。

4.1.1　标题

Bootstrap 重新定义了<h1>~<h6>标签的样式，Bootstrap 2 采用了加粗字体和固定行高（line-height），而 Bootstrap 3 则采用了半加粗的字体，所有标题的行高都采用了 1.1 倍字体尺寸。两者对比示例如图 4.1 所示。

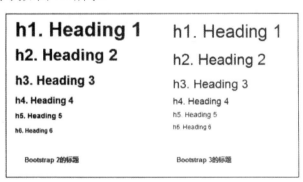

图 4.1　<h1>~<h6>标签对比

在实际开发当中，大多数网站对于标题都会采用自己设计的样式，Bootstrap 默认的标题样式一般只会在做后台管理或者内部工具时才会使用，主要是解决各个浏览器下默认样式不一致的问题，而且相比浏览器默认的样式还是要美观不少。以 Bootstrap 3 为例，也可以看一下应用.h*的<div>的展示效果，如图 4.2 所示。

```
<div class="h1">h1. 学好 Bootstrap:要从标题开始 </div>
<div class="h2">h2. 学好 Bootstrap:要从标题开始 </div>
<div class="h3">h3. 学好 Bootstrap:要从标题开始 </div>
<div class="h4">h4. 学好 Bootstrap:要从标题开始 </div>
```

```
<div class="h5">h5. 学好 Bootstrap:要从标题开始 </div>
<div class="h6">h6. 学好 Bootstrap:要从标题开始 </div>
```

图 4.2   div=h*的输出效果

可以在标题中插入<small>标签或者.small 元素来设置副标题，例如下面代码，效果如图 4.3 所示：

```
<h1>h1.Bootstrap 主标题 <small>次级标题</small></h1>
```

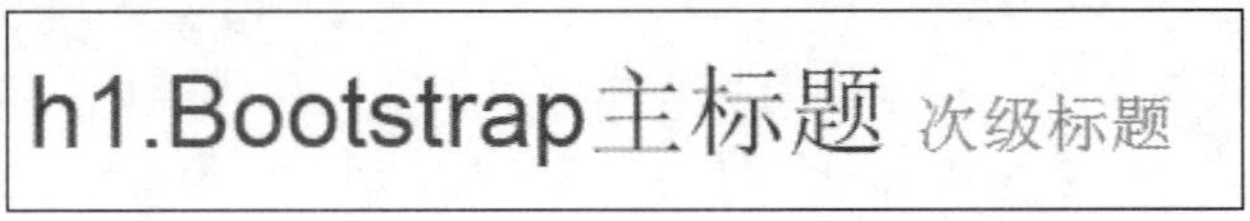

图 4.3   <small>标签效果

可以看到，定义在<small>标签中的文本比实际的标题样式要更淡、更小一些。

4.1.2   全局设置

Bootstrap 2 中定义的全局字体是 14px，行高（line-height）是默认尺寸 20px。

Bootstrap 3 中定义的全局字体也是 14px，行高（line-height）是默认字体尺寸的 1.428 倍。

对于段落（<p>），可以通过添加 class="lead"进行突出显示。Bootstrap 默认的全局字体和段落效果如图 4.4 所示。

```
<p>全局字体也是 14px，行高（line-height）是默认字体尺寸的 1.428 倍 </p>
<p class="lead">
加了.lead 样式效果：全局字体也是 14px，行高（line-height）是默认字体尺寸的 1.428 倍</p>
```

全局字体也是14px，行高(line-height)是默认字体尺寸的1.428倍

加了.lead样式效果：全局字体也是14px，行高(line-height)是默认字体尺寸的1.428倍

图 4.4   Bootstrap 默认的全局字体、段落效果和字间距

如果认为默认设置不合适，可以修改 Bootstrap 代码或者自己编写代码进行覆盖。

4.2   表   格

Bootstrap 提供了一种可以生成简洁表格的高效布局，案例如下。

如果要使用 Bootstrap 提供的基本表格样式，需要在代码中为 HTML 的 table 标签添加 table 这个 CSS 类，效果如图 4.5 所示。

```
<table class="table ">
  <thead>
    <tr>
      <th>First Name</th>
      <th>Last Name</th>
      <th>Role</th>
    </tr>
  </thead>
  <tbody>
    <tr>
      <td>Aravind</td>
      <td>Shenoy</td>
      <td>Technical Content Writer</td>
    </tr>
    <tr>
      <td>Jim</td>
      <td>Morrison</td>
      <td>Awesome Vocalist</td>
    </tr>
    <tr>
      <td>Jimi</td>
      <td>Hendrix</td>
      <td> Amazing Guitarist</td>
    </tr>
  </tbody>
</table>
```

First Name	Last Name	Role
Aravind	Shenoy	Technical Content Writer
Jim	Morrison	Awesome Vocalist
Jimi	Hendrix	Amazing Guitarist

图 4.5　应用 class="table"的表格

也可以为表格甚至单元格添加情景颜色，使用 success、warning、danger、info、active 这样的类。例如，在下面的代码中，为表格定义了情景类，效果如图 4.6 所示：

```
<h2>表格情景类样式</h2>
<table class="table table-bordered">
  <tr>
    <th>样式类</th>
    <th>说明</th>
  </tr>
  <tr class="success">
    <td>success</td>
    <td>表示成功或积极的行为。</td>
  </tr>
  <tr class="error">
```

```
    <td>error</td
  ><td>表示一个危险或存有潜在危险的行为。</td>
  </tr>
<tr class="warning">
  <td>warning</td>
  <td>表示警告，可能需要注意。</td>
</tr>
<tr class="info">
  <td>info</td>
  <td>作为一个默认样式的一个替代样式。</td>
</tr>
</table>
```

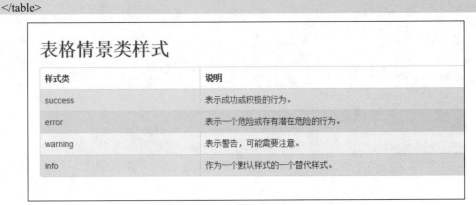

图 4.6　表格情景类样式

4.3　按　　钮

　　Bootstrap 提供了一组标准按钮配色和大小调整方案，只需要简单地应用相应的按钮类即可。Bootstrap 3 提供的按钮标准样式如图 4.7 所示。

图 4.7　Bootstrap 3 中按钮的样式

```
        <!—标准按钮样式-->
<button type="button" class="btn btn-default">默认</button>
        <!—表示主要的按钮-->
<button type="button" class="btnbtn-primary">主要</button>
        <!—表示成功的按钮-->
<button type="button" class="btnbtn-success">成功</button>
        <!—表示消息的按钮-->
<button type="button" class="btnbtn-info">信息</button>
        <!—表示警告的按钮-->
<button type="button" class="btnbtn-warning">警告</button>
        <!—表示危险的按钮-->
<button type="button" class="btn btn-danger">危险</button>
```

代码生成效果如图 4.8 所示。

图 4.8　调节按钮大小

图 4.8 对应的代码如下：

```
<button type="button" class="btn btn-primary btn-lg">大号按钮</button>
<button type="button" class="btn btn-primary">默认尺寸</button>
<button type="button" class="btn btn-primary btn-sm">小号按钮</button>
<button type="button" class="btn btn-primary btn-xs">更小的按钮</button>
```

4.4　表　　单

表单有很多类型，如文本框、下拉菜单、单选按钮、复选框、提交按钮等，Bootstrap 提供了一整套风格统一、简洁美观的表单样式，只要引入 Bootstrap，无须做任何配置，表单的样式就会生效，如图 4.9 所示。

图 4.9　默认文本框

源代码如下：

```
<input type="text">
```

看一下在实际项目中的应用：

```
<h3>用户登录</h3>
<form method="post" action="">
  <label for="userName">用户名：</label>
  <input type="text" id="userName" />
  <label for="userPsw">密　码：</label>
  <input type="password" id="userPsw" />
  <label for="validate">验证码：</label>
  <input type="text" id="validate" />
    <img src="images/getcode.jpg" alt="验证码：3731" />
    <label for="keepLogin">
    <input type="checkbox" id="keepLogin" />
  记住我的登录信息</label>
    <button type="submit" class="btn_login">登录</button>
    <a href="#" class="reg">用户注册</a>
</form>
```

这段代码执行之后的效果如图 4.10 所示。

用户登录

用户名：

密　码：

验证码：

3731

☐ 记住我的登录信息

登陆 用户注册

图 4.10　正常表单效果

```
<h3>用户登录</h3>
<form method="post" action="" class=" form-horizontal">
  <div class="control-group">
      <div class="control-label">
          <label for="userName">用户名：</label>
    </div>
    <div class="controls">
        <input type="text" id="userName" />
      </div>
  </div>
  <div class="control-group">
      <div class="control-label">
          <label for="userPsw">密　码：</label>
      </div>
      <div class="controls">
          <input type="password" id="userPsw" />
      </div>
  </div>
  <div class="control-group">
      <div class="control-label">
          <label for="validate">验证码：</label>
      </div>
      <div class="controls">
          <input type="text" id="validate" />
          <imgsrc="images/getcode.jpg" alt="验证码：3731" />
        </div>
  </div>
  <div class="control-group">
      <div class="control-label">
          <label for="keepLogin">记住我的登录信息</label>
      </div>
      <div class="controls">
          <input type="checkbox" id="keepLogin" />
      </div>
  </div>
  <div class="control-group">
```

```
    <div class="controls">
        <button type="submit" class="btn_login">登 录</button>
        <a href="#" class="reg">用户注册</a>
    </div>
  </div>
</form>
```

代码执行之后的效果如图 4.11 所示。

用户登录

用户名：	
密　码：	
验证码：	3731
记住我的登录信息	☐

登陆 用户注册

图 4.11　水平表单效果图

内联表单代码如下，效果如图 4.12 所示。

```
<h3>用户登录</h3>
<form method="post" action="" class="form-inline">
    <label for="userName">用户名：</label>
    <input type="text" id="userName" />
    <label for="userPsw">密　码：</label>
    <input type="password" id="userPsw" />
    <label for="validate">验证码：</label>
    <input type="text" id="validate" />
    <imgsrc="images/getcode.jpg" alt="验证码：3731" />
    <label for="keepLogin">
    <input type="checkbox" id="keepLogin" />
        记住我的登录信息</label>
    <button type="submit" class="btn_login">登 录</button>
    <a href="#" class="reg">用户注册</a>
</form>
```

用户登录

用户名： ___　密　码： ___　验证码： ___ 3731 ☐ 记住我的登录信息 登录 用户注册

图 4.12　内联表单效果图

4.5　图　　片

Bootstrap 的图片类包含了对最常用的圆角、圆形、简洁边框这 3 种图片形状的修正，如

图 4.13 所示，常用于头像的处理。

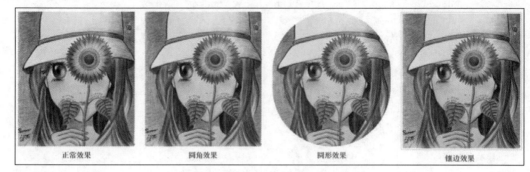

图 4.13　Bootstrap 的图片类型

图 4.13 对应的代码如下：

```html
<div class="row-fluid">
  <div class="text-center span3">
    <img src="images/bg1.jpg">
     <h3>正常效果</h3>
  </div>
  <div class="text-center span3">
    <img src="images/bg1.jpg" class="img-rounded" title="圆角图片">
    <h3>圆角效果</h3>
  </div>
  <div class="text-center span3">
    <img src="images/bg1.jpg" class="img-circle" title="圆形图片">
    <h3>圆形效果</h3>
  </div>
  <div class="text-center span3">
    <img src="images/bg1.jpg" class="img-polaroid" title="镶边图片">
    <h3>镶边效果</h3>
  </div>
</div>
```

本 章 总 结

使用 Bootstrap 的排版特性，可以创建标题、段落、列表及其他内联元素。

Bootstrap 提供了一个清晰的创建表格的布局。

Bootstrap 提供了一系列选项来定义按钮的样式，分别定义按钮的样式和大小。

Bootstrap 提供了下列类型的表单布局：

☑　垂直表单（默认）。

☑　内联表单。

☑　水平表单。

Bootstrap 提供了 3 个可对图片应用简单样式的 class。

☑　.img-rounded：添加 border-radius:6px 来获得图片圆角。

☑ .img-circle：添加 border-radius:50%来让整个图片变成圆形。

☑ .img-thumbnail：添加一些内边距（padding）和一个灰色的边框。

本 章 作 业

一、选择题

1．信息结构需要考虑的信息特征是（　　）。

　　A．结构　　　　　　B．标签　　　　　　C．导航　　　　　　D．内容

2．面包屑路径显示（　　）。

　　A．设置程序步骤　　　　　　　　B．页面之间的层级结构

　　C．内容属性

3．下面的代码是网页中导航栏，哪个网页是当前浏览的页面？（　　）

```
<ul class="navnavbar-nav">
<li><a href="index.html">首页</a></li>
<li><a href="about.html">关于我们</a></li>
<li class="active"><a href="products.html">产品展示</a></li>
<li><a href="contact.html">联系我们</a></li>
</ul>
```

　　A．产品展示　　　B．首页　　　C．关于我们　　　D．联系我们

二、操作题

1．实现如图 4.14 所示的效果。

图 4.14　网页基本模块

2．实现如图 4.15 所示的效果。

图 4.15　图文列表项

第5章

使用 Bootstrap 的组件

本章简介

组件在 Bootstrap 中是不可或缺的利器，它们是一些独立的标记片段，有时也会集成一些 JavaScript 的功能，随时可供开发工程师在网页中选择、复制和使用。具备诸如模块性(modularity)、代码可重用性(code reusability)和职责分离(separation of responsibilities)。

本章工作任务

如何调用 Bootstrap 常用的功能模块。

本章技能目标

➢ 了解 Bootstrap 常用组件及应用场景。
➢ 掌握使用 Bootstrap 常用组件的方法。

预习作业

1. 背诵英文单词
请在预习时找出下列单词在教材中的用法，了解它们的含义和发音，并填写于横线处。

Modularity_____

Code reusability_____

Separation of responsibilities_____

Glyphicon_____

Dropdown_____

Breadcrumb_____

2．预习并回答以下问题

请阅读本章内容，在作业本上完成以下简答题：

（1）Bootstrap 组件是什么？

（2）为什么要用 Bootstrap 组件？

（3）如何引用 Bootstrap 组件及样式。

5.1　下拉菜单

在一个网页有太多链接时，页面会复杂而拥挤。在这种情况下，下拉菜单就派上用场了，可以把不太重要的链接折叠起来包含在页面中，如图 5.1 所示。

图 5.1　下拉菜单

代码如下：

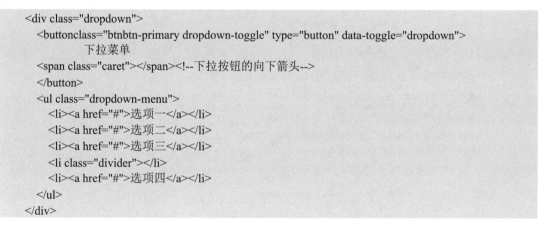

```
<div class="dropdown">
    <buttonclass="btnbtn-primary dropdown-toggle" type="button" data-toggle="dropdown">
            下拉菜单
    <span class="caret"></span><!--下拉按钮的向下箭头-->
    </button>
    <ul class="dropdown-menu">
        <li><a href="#">选项一</a></li>
        <li><a href="#">选项二</a></li>
        <li><a href="#">选项三</a></li>
        <li class="divider"></li>
        <li><a href="#">选项四</a></li>
    </ul>
</div>
```

分析这段代码的结构：

按钮和下拉选项都要包裹在<div class="dropdown">…</div>中。

按钮必须添加 data-toggle="dropdown"触发器。

放置下拉选项的无序列表需要添加.dropdown-menu 类。

添加一个空的<li class="divider"></li>标签来分隔列表项。

注意：官方网站给出的示例代码会添加很多的 role="……"的属性，这些属性不是必需的，但在实际应用中最好加上以提升可访问性。

5.2 按 钮 组

Note

按钮组用于把一组按钮放在同一行里。基本的用法很简单，只需要将一组按钮放在<div class="btn-group">…</div>中即可，例如：

```
<div class="btn-group">
    <button type="button" class="btn btn-default">左转弯</button>
    <button type="button" class="btn btn-default">直行</button>
    <button type="button" class="btn btn-default">右转弯</button>
</div>
```

效果如图 5.2 所示。

注意：当为按钮组中的元素应用工具提示或弹出框时，必须指定 container: "body"选项，这样可以避免不必要的副作用（例如工具提示或弹出框触发时，会让页面元素变宽或失去圆角）。

按钮组支持垂直排列、两端对齐和嵌套。

（1）垂直排列：<div class="btn-group-vertical">…</div>，如图 5.3 所示。

| 左转弯 | 直行 | 右转弯 |

图 5.2 按钮组

| 左转弯 |
| 直行 |
| 右转弯 |

图 5.3 垂直排列按钮组

（2）两端对齐：代码如下，效果如图 5.4 所示。

```
<div class="btn-group-justified">
    <a class="btnbtn-default">左转弯</a>
    <a type="button" class="btnbtn-default">直行</a>
    <a type="button" class="btnbtn-default">右转弯</a>
</div>
```

| 左转弯 | 直行 | 右转弯 |

图 5.4 齐行按钮

注意：两端对齐的用法只适用<a>元素，因为<button>元素不能应用这些样式并将其所包含的内容两端对齐。

（3）嵌套：可以在按钮组中继续内嵌按钮组，例如如下代码，效果如图 5.5 所示。

```
<div class="btn-group">
    <button type="button" class="btnbtn-default">按钮 1</button>
    <button type="button" class="btnbtn-default">按钮 2</button>
</div>
<div class="btn-group">
    <button type="button" class="btnbtn-default dropdown-toggle" data-toggle="dropdown">嵌套下拉
```

```
    <span class="caret"></span>
    </button>
    <ul class="dropdown-menu">
        <li><a href="#">下拉选项</a></li>
        <li><a href="#">下拉选项</a></li>
    </ul>
</div>
```

图 5.5　嵌套后的按钮组

5.3　input 控件组

input 输入框经常会和其他元素配合使用，最常见的 input 控件组肯定非搜索框莫属了，Bootstrap 的 input 控件组包含了多数常见的分组类型。

Bootstrap 中的控件组的共同点是都需要包裹在<div class="input-group">…</div>内部，下面将逐个解析控件组的各种不同组合。

（1）首先是最常见的搜索框，就是按钮+input 表单的组合，如图 5.6 所示。

```
<div class="input-group">
    <input type="text" class="form-control">
    <span class="input-group-btn">
        <button class="btnbtn-default" type="button">搜索</button>
    </span>
</div>
```

其实质就是 input 表单按钮，需要注意的是要在按钮外包裹一层<span class="form-control">…</span>代码。如果需要带下拉菜单的按钮，则只需要将按钮换成下拉菜单即可。

（2）如果和 input 配合的不是可单击的按钮，只是用于说明的文字或图片，则可以采取如下应用，效果如图 5.7 所示。

```
<div class="input-group">
    <input type="text" class="form-control">
    <span class="input-group-addon">
    输入完成后回车
    </span>
</div>
```

	搜索		输入完成后回车

图 5.6　搜索框　　　　　　　　　　图 5.7　搜索框后不是按钮

5.4　导　　航

Bootstrap 的导航主要分为胶囊式导航、面包屑导航、头部导航 3 大类，可以满足大多数开发的需求。

1. 胶囊式导航

胶囊式导航一般用于平级的选项列表，如图 5.8 所示。

胶囊导航实质是一个无序列表，只需要给 ul 元素添加.nav 和.nav-pill 类即可，例如：

```
<ul class="navnav-pills">
    <li class="active"><a href="#">首页</a></li>
    <li><a href="#">简介</a></li>
    <li><a href="#">详情</a></li>
</ul>
```

如果需要纵向的胶囊导航，只需要为 ul 元素追加.nav-stacked 类即可。

```
<ul class="navnav-pills nav-stacked">
    <li class="active"><a href="#">首页</a></li>
    <li><a href="#">简介</a></li>
    <li><a href="#">详情</a></li>
</ul>
```

纵向的胶囊导航如图 5.9 所示。

图 5.8　横向的胶囊式导航

图 5.9　纵向的胶囊导航

2. 面包屑导航

面包屑导航同样采用了列表结构，这里需要为 ul 或 ol 元素添加.breadcrumb 类来实现导航设置，例如下列代码，效果如图 5.10 所示：

```
<ol class="breadcrumb">
    <li><a href="#">首页</a></li>
    <li><a href="#">资料库</a></li>
    <li class="active">数据</li>
</ol>
```

图 5.10　面包屑导航

5.5　头　部　导　航

绝大多数网站首页的页头部分都会放置一个针对主要内容的导航，让用户可以迅速了解网站的内容和结构。Bootstrap 的头部导航如图 5.11 所示。

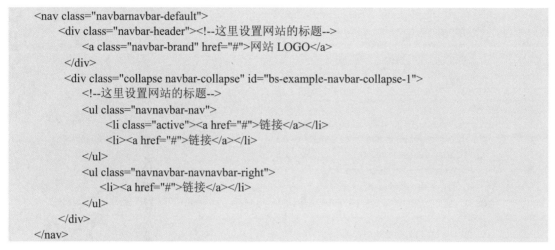

图 5.11 头部导航

头部导航的基本结构如下：

```
<nav class="navbarnavbar-default">
    <div class="navbar-header"><!--这里设置网站的标题-->
        <a class="navbar-brand" href="#">网站 LOGO</a>
    </div>
    <div class="collapse navbar-collapse" id="bs-example-navbar-collapse-1">
        <!--这里设置网站的标题-->
        <ul class="navnavbar-nav">
            <li class="active"><a href="#">链接</a></li>
            <li><a href="#">链接</a></li>
        </ul>
        <ul class="navnavbar-navnavbar-right">
            <li><a href="#">链接</a></li>
        </ul>
    </div>
</nav>
```

具体分析头部导航，主要分为两层结构。

第一层是最外面的<nav class="navbarnavbar- default">…</nav>，这一层用于设置导航的基本样式，如果将.navbar-default 类替换为.navbar- inverse 类，则显示为反色的导航（黑底白字），如图 5.12 所示。

图 5.12 反色的头部导航

第二层有两个并列的元素：<div class="navbar-header">…</div>内部用于设置标题内容；<div class="collapse navbar-collapse">…</div>内部则用于编写导航链接、搜索表单、下拉菜单等具体的导航内容。

Bootstrap 3 提供了小窗口下导航收起/展开的功能，如图 5.13 所示。

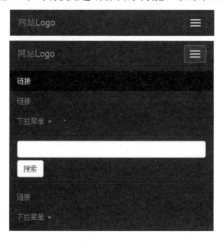

图 5.13 头部导航小窗口的收起/展开

需要在<div class="navbar-header">中设置展开/收起按钮，例如：

```
<nav class="navbarnavbar-inverse">
    <div class="navbar-header">
        <button type="button" class="navbar-toggle" data-toggle="collapse" data-target="#bs-example-navbar-collapse-1">
            <span class="sr-only">Toggle navigation</span>
            <span class="icon-bar"></span>
            <span class="icon-bar"></span>
            <span class="icon-bar"></span>
        </button>
        <a class="navbar-brand" href="#">网站 Logo</a>
    </div>
    <div class="collapse navbar-collapse" id="bs-example-navbar-collapse-1">
        <ul class="navnavbar-nav">
            <li class="active"><a href="#">链接</a></li>
            <li><a href="#">链接</a></li>
            <li class="dropdown">
            <a href="#" class="dropdown-toggle" data-toggle="dropdown">下拉菜单 <b class="caret"></b></a>
                <ul class="dropdown-menu">
                    <li><a href="#">Action</a></li>
                    <li><a href="#">Another action</a></li>
                    <li><a href="#">Something else here</a></li>
                    <li class="divider"></li>
                    <li><a href="#">Separated link</a></li>
                    <li class="divider"></li>
                    <li><a href="#">One more separated link</a></li>
                </ul>
            </li>
        </ul>
        <form class="navbar-form navbar-left" role="search">
            <div class="form-group">
            <input type="text" class="form-control">
            </div>
            <button type="submit" class="btnbtn-default">搜索</button>
        </form>
        <ul class="navnavbar-navnavbar-right">
            <li><a href="#">链接</a></li>
            <li class="dropdown">
            <a href="#" class="dropdown-toggle" data-toggle="dropdown">下拉菜单 <b class="caret"></b></a>
            <ul class="dropdown-menu">
                <li><a href="#">Action</a></li>
                <li><a href="#">Another action</a></li>
                <li><a href="#">Something else here</a></li>
                <li class="divider"></li>
                <li><a href="#">Separated link</a></li>
            </ul>
            </li>
        </ul>
    </div>
</nav>
```

添加.navbar-fixed-top 可以让导航固定在顶部，不会随页面滚动而消失。为了防止导航条固定在顶部后遮挡正常内容，需要设置：body{padding-top:70px}，其中具体的值取决于导航条的高度。

注意： 这个响应式的导航依赖 Bootstrap 的 collapse（折叠）插件。请务必为每个导航条加上 role="navigation"增加可访问性（和浏览器的兼容性）。

5.6　列　表　组

列表组不仅仅是对列表项进行美化，还可以支持任意内容的列表化展示，图 5.14 是未经修饰的无序列表和应用了列表组的列表的对比。

对于列表来说，列表组的结构代码如下：

```
<ul class="list-group">
  <li><a href="#">选项一</a></li>
  <li><a href="#">选项二</a></li>
  <li><a href="#">选项三</a></li>
  <li><a href="#">选项四</a></li>
</ul>
```

需要为 ul 和 ol 添加.list-group 类，同时需要为列表项添加.list-group-item 类。

注意： 在列表组中使用序列表时不会显示序号。

列表组不仅可以应用于列表，还可以将其他需要列表的元素展现为列表的样子，如图 5.15所示。

图 5.14　未经修饰的无序列表和列表组　　　　图 5.15　非列表但是展现为列表的样子

图 5.15 的代码如下：

```
<div class="list-group">
  <a href="#" class="list-group-item active">
  <h4 class="list-group-item-heading">快船战胜雷霆</h4>
  <p class="list-group-item-text">......</p>
  </a>
        ⋮
  </a>
</div>
```

为列表组添加徽章也十分容易，Bootstrap 会自动将徽章放置在右边，如图 5.16 所示。

图 5.16　为列表组添加徽章

为列表组添加徽章的代码如下：

```
<ul class="list-group">
    <li class="list-group-item">
    <span class="badge">52</span>
            中国队金牌
    </li>
    <li class="list-group-item">
     <span class="badge">48</span>
            美国队金牌
    </li>
    <li class="list-group-item">
    <span class="badge">41</span>
            俄罗斯队金牌
    </li>
</ul>
```

5.7　分　　页

几乎所有的列表页面都需要分页，Bootstrap 提供了一个较为美观的分页样式，如图 5.17 所示。

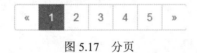

图 5.17　分页

图 5.17 的代码结构比较简单，只需要给无序列表的 ul 元素添加 pagination 类即可，例如：

```
<ul class="pagination">
    <li class="disabled"><a href="#">&laquo;</a></li><!--disabled 类表示不可点击项-->
    <li class="active"><a href="#">1</a></li>
    <li><a href="#">2</a></li>
    <li><a href="#">3</a></li>
    <li><a href="#">4</a></li>
    <li><a href="#">5</a></li>
    <li><a href="#">&raquo;</a></li>
</ul>
```

可以通过添加.pagination-lg 或.pagination-sm 类来获得比标准尺寸更大或更小的分页，如图 5.18 所示，代码如下：

```
<ul class="paginationpagination-lg">···</ul>
<ul class="pagination ">···</ul>
<ul class="paginationpagination-sm">···</ul>
```

如果仅仅想使用上一页/下一页的功能怎么办？Bootstrap 也内置了该功能，为无序列表的 ul 添加.pager 类即可，例如：

```
<ul class="pager">
    <li><a href="#">上一页</a></li>
    <li><a href="#">下一页</a></li>
</ul>
```

效果如图 5.19 所示。

图 5.18　不同大小的分页栏　　　　　图 5.19　翻页效果

注意：翻页元素默认居中对齐，如果为列表元素添加.previous 和.next 类，可以将"上一页"/"下一页"按钮设置为两端对齐。

5.8　标签与徽章

标签一般用于对内容进行标记，常用在内容审核后台，如图 5.20 所示。

图 5.20　内容审核后台

Bootstrap 内置了 6 种常用的标签，分别为 default（默认）、primary（主要）、success

（成功）、info（消息）、warning（警告）、danger（危险操作）。它们分别对应不同的颜色，例如下列代码，效果如图 5.21 所示：

```
<span class="label label-default">Default</span>
<span class="label label-primary">Primary</span>
<span class="label label-success">Success</span>
<span class="label label-info">Info</span>
<span class="label label-warning">Warning</span>
<span class="label label-danger">Danger</span>
```

除了标签之外，还有一种提示信息很常用，很多网站都有消息系统来提示用户有未读的新闻、私信等内容，Bootstrap 中称之为 badge（徽章），如图 5.22 所示。

Default Primary Success Info Warning Danger   未读消息 24

图 5.21　6 种标签类　　　　　　　　　　图 5.22　徽章

图 5.22 的代码如下：

```
<button class="btnbtn-primary">
    未读消息
    <span class="badge pull-right">24</span>
</button>
```

徽章的应用很简单，只需要给行内元素添加.badge 类即可。

注意： 当没有新的或未读条目时，没有内容的徽章会消失（通过 CSS 的:empty 选择器实现），在 IE9 版本以下的 IE 浏览器徽章不会自动消失，因为不支持:empty 选择器。

5.9　缩　略　图

在 Bootstrap 中，配合栅格系统可以很容易地构建带链接的缩略图，并让缩略图支持响应式设计，如图 5.23 所示。

图 5.23　缩略图

图 5.23 的代码如下：

```
<div class="row">
    <div class="col-xs-2">
        <a class="thumbnail">
            <img src="http://pic16.nipic.com/20110826/8064486_224449386194_2.jpg">
        </a>
```

```
    </div>
    <div class="col-xs-2">
        <a class="thumbnail">
            <img src="http://pic16.nipic.com/20110826/8064486_224449386194_2.jpg">
        </a>
    </div>
    <div class="col-xs-2">
        <a class="thumbnail">
            <img src="http://pic16.nipic.com/20110826/8064486_224449386194_2.jpg">
        </a>
    </div>
</div>
```

构建缩略图整体上还是依赖 Bootstrap 的栅格系统，通过栅格系统来控制缩略图占据的宽度比例，保证缩略图集的响应式。这里需要给图片链接加上.thumbnail 类以添加边框样式并调节图片间距。

如果将上例中的<a href="#" class="thumbnail">标签改为<div class="thumbnail">，就可以在图片下方追加内容，如图 5.24 所示。

图 5.24 为缩略图追加内容

图 5.24 的代码如下：

```
<div class="row">
  <div class="col-xs-2">
    <div class="thumbnail">
      <img src="img/pic.jpg">
    <div class="caption">
        <p>花千骨是世间最后一个神，同时也是人见人怕的天煞孤星...</p>
        <p><a href="#" class="btnbtn-primary" role="button">查看详情</a></p>
    </div>
    </div>
  </div>
</div>
```

5.10 面　　板

很多时候需要将某些内容放到一个容器里，此时可以使用 Bootstrap 的面板组件，最简单的面板如图 5.25 所示。

基础面板示例

图 5.25　面板的基础样式

可以看到，面板的作用就是加上了容器的边框并设置了内容与容器间的边距，对应最简单面板样式的代码如下：

```
<div class="panel panel-default">
    <div class="panel-body">基础面板示例</div>
</div>
```

可以为面板添加 header 和 footer，如图 5.26 所示。

面板页头

雷霆和快船的第二轮第一场比赛在俄克拉荷马打响，客场作战快船凭借保罗第一节5记三分早早建立两位数领先奠定胜局，手感热得发烫的保罗最终14投12中，包括9投8中的三分球砍下32分10次助攻帮助快船以122-105大胜雷霆先下一城，并将总比分改写为1-0领先。

面板页脚

图 5.26　添加了 header 和 footer 的面板

带有 header 和 footer 的面板代码如下：

```
<div class="panel panel-default">
    <div class="panel-heading">面板页头</div>
    <div class="panel-body">
        <p>面板内容省略…</p>
    </div>
    <div class="panel-footer">面板页脚</div>
</div>
```

面板代码的配色和之前介绍的标签是一致的，都是对应诸如 succsee、warning、danger 等状况的颜色，从代码中可以很容易看出来：

```
<div class="panel panel-primary">
        <div class="panel-heading">面板页头</div>
        <div class="panel-body">面板内容...</div>
</div>
<div class="panel panel-success">
        <div class="panel-heading">面板页头</div>
        <div class="panel-body">面板内容...</div>
</div>
<div class="panel panel-info">
        <div class="panel-heading">面板页头</div>
        <div class="panel-body">面板内容...</div>
</div>
<div class="panel panel-warning">
```

```
        <div class="panel-heading">面板页头</div>
        <div class="panel-body">面板内容...</div>
</div>
<div class="panel panel-danger">
        <div class="panel-heading">面板页头</div>
        <div class="panel-body">面板内容...</div>
</div>
```

最终效果如图 5.27 所示。

图 5.27　不同配色的面板

5.11　进　度　条

进度条常用于文件上传/下载、内容的加载等场景，Bootstrap 提供了多种进度条样式供选择。

注意：Bootstrap 以及其他前端组件可解决进度条的样式问题，追踪进度仍需依赖服务端程序。

Bootstrap 中，一个标准的进度条如图 5.28 所示。

图 5.28　标准的进度条

图 5.28 的代码如下：

```
<div class="progress">
    <div class="progress-bar" role="progressbar"    style="width: 60%;"></div>
</div>
```

为外层的 div 元素添加.progress 类，为内层的 div 元素添加.progress-bar 类，并控制内层 div 宽度百分比，这样就得到一个基础的进度条。

进度条的颜色可以根据需要用自定义的颜色进行覆盖，也可以调用 Bootstrap 内置的类来覆盖，如图 5.29 所示。

为内层的 div 元素添加.progress-bar-success 等类就可以获得如图 5.29 所示的进度条，其命名规律和 Bootstrap 的标签类是一致的。

```html
<div class="progress">
    <div class="progress-bar progress-bar-success" style="width:40%;"></div>
</div>
<div class="progress">
    <div class="progress-bar progress-bar-info" style="width:50%;"></div>
</div>
<div class="progress">
    <div class="progress-bar progress-bar-waning" style="width:60%;"></div>
</div>
<div class="progress">
    <div class="progress-bar progress-bar-danger" style="width:70%;"></div>
</div>
```

可以为进度条添加条纹效果，如图 5.30 所示。

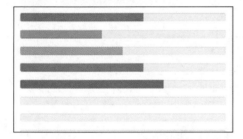
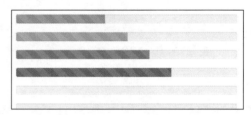

图 5.29　控制进度条色彩　　　　　　　图 5.30　条纹效果进度条

实现条纹效果需要为外层 div 添加.progress-striped 类，例如图 5.30 的代码如下：

```html
<div class="progress progress-striped">
    <div class="progress-bar progress-bar-success" style="width:40%;"></div>
</div>
<div class="progress progress-striped">
    <div class="progress-bar progress-bar-info" style="width:50%;"></div>
</div>
<div class="progress progress-striped">
        <div class="progress-bar progress-bar-waning" style="width:60%;"></div>
</div>
<div class="progress progress-striped">
    <div class="progress-bar progress-bar-danger" style="width:70%;"></div>
</div>
```

5.12 多媒体对象

本节讲解 Bootstrap 中媒体对象（Media Object），媒体对象组件允许在一个内容块的左边或右边展示多媒体内容（图像、视频、音频）。这些抽象的对象样式用于创建各种类型的组件（如博客评论），可以在组件中使用图文混排，图像可以左对齐或者右对齐。媒体对象可以用更少的代码来实现媒体对象与文字的混排。

媒体对象轻量标记、易于扩展的特性是通过向简单的标记应用 class 来实现的。可以在 HTML 标签中添加以下两种形式来设置媒体对象。

☑ .media：该 class 允许将媒体对象里的多媒体（图像、视频、音频）浮动到内容区块的左边或者右边。

☑ .media-list：如果要一个列表，各项内容是无序列表的一部分，可以使用该 class。可用于评论列表与文章列表，如图 5.31 所示。

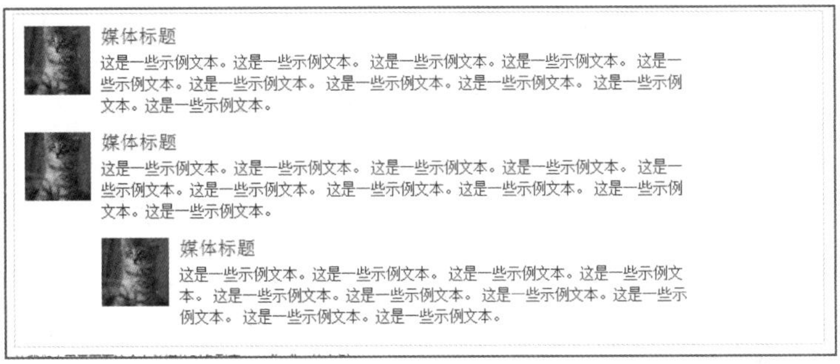

图 5.31 多媒体对象

代码如下：

```
<div class="media">
    <a class="pull-left" href="#">
        <img class="media-object" src="/wp-content/uploads/2014/06/64.jpg"
                alt="媒体对象">
    </a>
    <div class="media-body">
        <h4 class="media-heading">媒体标题</h4>
        这是一些示例文本。这是一些示例文本。
        这是一些示例文本。这是一些示例文本。
        这是一些示例文本。这是一些示例文本。
        这是一些示例文本。这是一些示例文本。
        这是一些示例文本。这是一些示例文本。
    </div>
</div>
<div class="media">
    <a class="pull-left" href="#">
        <img class="media-object" src="/wp-content/uploads/2014/06/64.jpg"
                alt="媒体对象">
    </a>
```

```
    <div class="media-body">
        <h4 class="media-heading">媒体标题</h4>
        这是一些示例文本。这是一些示例文本。
        这是一些示例文本。这是一些示例文本。
        这是一些示例文本。这是一些示例文本。
        这是一些示例文本。这是一些示例文本。
        这是一些示例文本。这是一些示例文本。
    <div class="media">
        <a class="pull-left" href="#">
        <img class="media-object" src="/wp-content/uploads/2014/06/64.jpg"
                    alt="媒体对象">
        </a>
        <div class="media-body">
            <h4 class="media-heading">媒体标题</h4>
            这是一些示例文本。这是一些示例文本。
            这是一些示例文本。这是一些示例文本。
            这是一些示例文本。这是一些示例文本。
            这是一些示例文本。这是一些示例文本。
            这是一些示例文本。这是一些示例文本。
        </div>
    </div>
  </div>
</div>
```

本 章 总 结

　　本章主要讲解了常用的 11 种 Bootstrap 组件效果以及其中比较重要的类，这些都不难，关键要熟练掌握，搭配使用，灵活运用。

　　导航组件注意以下几点：

　　（1）导航条即把组件全部横向排列放置，包裹组件，类似于横向导航的形式。

　　（2）确保可访问性。使用<nav>标签或者<div role="navigation">。

　　（3）涉及导航条的类。

　　分页组件注意以下几点：

　　（1）使用类 pagination（加 pagination-lg 类可使其变大）。

　　（2）实现翻页对齐与实现翻页两端对齐（前和后分别位于两端）。

本 章 作 业

一、选择题

1．下面的代码会创建出什么颜色的按钮。（　　　）

```
<button class="btn btn-info">查看详情</button>
```

A．淡蓝色

B．绿色

C．橙色

D．红色

2．下面的代码会创建什么类型的表单元素？另外，input-group-addon 样式会实现什么效果？（　　）

```
<div class="input-group">
        <div class="input-group-addon">+</div>
        <input type="tel" class="form-control" id="code" name="code" placeholder="Code">
</div>
```

A．一个输入电话号码的文本框，前面有+标识

B．一个电话号码文本输入框

C．不正确

3．下面这段代码会产生什么效果？（　　）

```
<label class="radio inline">
    <input type="radio" name="optionsRadios" id="optionsRadios2" value="option2">女
</label>
```

A．空的选择框

B．侦听选择框

C．不正确

4．下面的代码生成的表格当鼠标放在第一行时，会产生什么效果？（　　）

```
<table class="table table-striped table-hover">
<tr>
<td> ... </td>
</tr>
<tr> ... </tr>
</table>
```

A．第一行会有背景加深的状态

B．第一行文字会变大

C．不会有任何变化

D．代码不正确

5．下面代码产生的结果是什么？（　　）

```
<div class="panel">
<div class="panel-heading">
<h3 class="panel-title">Facts At a Glance
<button class="btnbtn-xs pull-right">&times;</button>
</h3>
</div>
<div class="panel-body">          ...
</div>
</div>
```

A．标准的面板头部显示

B．面板头部右侧会有关闭按钮

C．代码不对

6．代码\<span\>¦\</span\>会显示什么？（　　　）

A．什么也不显示

B．小的竖线

C．代码不正确

7．我们能不去除这个 alert 吗？（　　　）

```
<div class="alert alert-warning alert-dismissible" role="alert">
  <button type="button" class="close"
        data-dismiss="alert" aria-label="Close">
        <span aria-hidden="true">&times;</span>
  </button>
  <strong>Warning:</strong>: Please
  call us to reserve for more than six guests.
</div>
```

A．不能

B．能

二、操作题

请用多媒体对象实现如图 5.32 所示的效果。

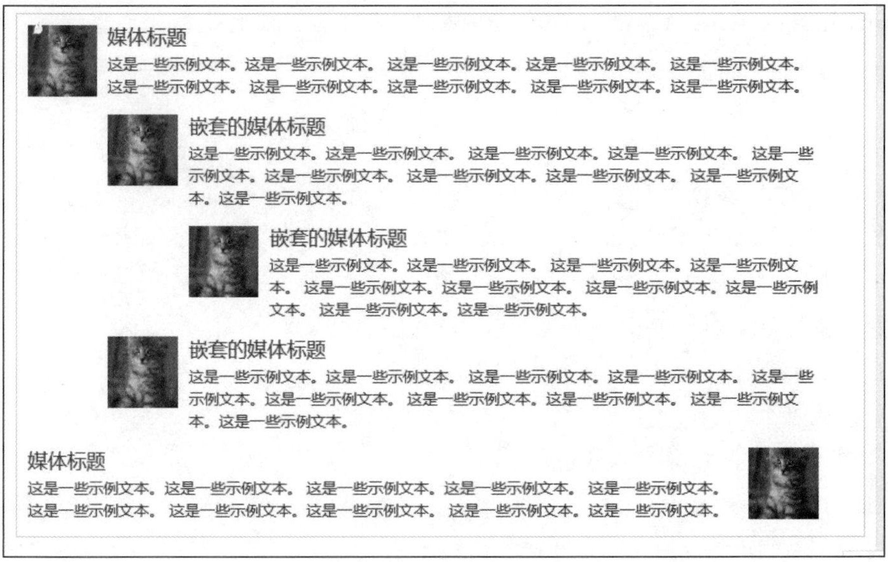

图 5.32　媒体对象效果图

第6章

LESS 和 SASS

本章简介

CSS 并不是一门编程语言，无法完成像其他编程语言一样的嵌套、继承、设置变量等工作，因此很难实现 DRY（Don't repeat yourself，不要重复你自己）的原则，CSS 语言在设计上显得有些简陋，用 CSS 编写的文件中常常充斥着大量的重复的定义，对于小型项目来说，CSS 的代码量不大，问题没有凸显，而如果要开发和持续维护一个较为大型的项目，用 CSS 编写时就很难组织，其文件代码量冗余庞大，并且随着项目规模的逐渐扩大，维护会越来越困难。这就给了 CSS 预处理语言（CSS Preprocessor）的出现以契机，CSS 预处理程序在保留 CSS 原有特性的基础上，提供了额外的功能和工具以改善 CSS 的语法，使得 CSS 也能面向对象，这样既在一定程度上弥补了 CSS 的缺陷，也无须设计一种语言来代替 CSS 以供浏览器识别。

目前流行的预处理语言主要有两种：LESS 和 SASS。学习阶段，两者都需要了解，而在实际开发工作中，只要熟练使用一种就可以了。

本章工作任务

掌握两种目前最流行的 CSS 预处理语言 LESS 和 SASS。

本章技能目标

➢ 了解 CSS 的缺陷。

➢ 了解两种目前最流行的 CSS 预处理语言 LESS 和 SASS。

➢ 掌握 Compass 的使用方法。

预习作业

预习并回答以下问题：

（1）为什么要用 CSS 预处理语言？

（2）什么是 LESS？

（3）什么是 SASS？

6.1 为什么要用 CSS 预处理程序

CSS 作为一门标记性语言，其语法简单易学，可以很好地完成页面样式定义，但 CSS 并不是一门完美的语言，如 CSS 需要书写大量没有逻辑的代码，没有变量及合理的样式复用机制，造成代码中过多的重复输出，这些缺陷限制了 CSS 编写的效率，更不符合 Web 项目高效率开发的需求，本节就来了解这些延续了很久的缺陷。

6.1.1 CSS 不能设置变量

实际网页项目中会重复用到一个颜色作为主色，而 CSS 在设置颜色时一般采用十六进制的 RGB 模式，例如#00aff0 这样的格式，但是开发者很难记住编号，而默认支持的 red、green、blue 等颜色名称又不够丰富，所以在实际工程中不会广泛应用。

显然一个项目不得不重复引用，如#00aff0 这样的格式，更糟糕的是，如果遇到项目至完成阶段突然要求更改主色，如把颜色#00aff0 替换成#7fba00，于是开发者就只能一个一个去替换，这就增加了开发和维护的难度。那么，为什么不能把一个颜色设置成变量呢？用那个变量贯穿整个 CSS，如果接到修改主色的需求，也只需要改变这一变量值就可以了。遗憾的是，CSS 并不能满足这一实际开发需求。

再如引入一些 CSS3 新样式时，因需要兼容不同的浏览器，不得不写多行带有属性前缀的代码，为什么要使用原生 CSS 重复编写呢？如果能用一句简单的命令就能实现这好几行代码才能实现的效果便可以大大提升程序的可读性。

6.1.2 冗余重复的代码

CSS 的继承机制是根据 HTML 的层级关系来决定的，子元素可以继承父元素的部分属性，如字体、背景等。而在实际开发中，很多元素拥有类似的 CSS 样式，若没有层级关系，就只能分别进行定义，结果就造成了大量的重复代码。虽然通过定义公共样式可以减小文件体积，但效果有限。理想的情况是将通用的样式都编写在一个公共的库中，实现一处定义、处处调用。

6.1.3 无法实现计算功能

CSS 无法设置变量，当然也更谈不上实现计算功能。在 CSS 中，一般都是开发者算好数值后填写上去的，这就增加了代码维护的难度。在实际项目中，有很多值都是相同的，或者是以某个值为基准进行计算的，使用带有变量的表达式更为合理，也符合开发需求，不仅方便编写和维护，而且可以大大降低犯错的概率。

例如，设定了一个基准字体 "base-font-size=15px;"，所有的字体大小都以它为基准：

```
.a{font-size:15px;}
.b{font-size:14px;}
.c{font-size:30px;}
.d{font-size:20px;}
```

一旦修改基准字体 base-font-size 的值，那么.a、.b、.c、.d 四处定义都必须重新计算并修改，如果代码量较大，维护难度可想而知。遇到这种情况可以通过以下方法来改进：

```
$bf:15px;
.a{font-size: $bf;}
.b{font-size:$bf -1px;}
.c{font-size:2$bf:}
.d{font-size:$bf+5px;}
```

这样只需修改$bf 的值就完成了，但这种写法在原生 CSS 中并不支持。

6.1.4　命名空间与作用域

当项目经多位技术背景和水平参差不齐的工程师开发与维护后，项目文件中会附带许多开发者不想要的样式，命名空间与作用域解决了全局样式污染的问题。CSS 通过子元素选择器或后代元素选择器可以实现命名空间与作用域，例如下面的代码：

```
.section-main div list_style{
    list-style:none;
}
.section-main .container{
    margin:0 auto;
    width:970px;
}
.section-main text_dec{
    text-decoration:none;
}
```

在开发中，为了避免选择器污染，有时可能会过度依赖于 ID 选择器和很复杂的 class 选择器。在上例中，所有样式都在 class="section-main"元素的包裹内才会生效，但在编写时每一句定义都需要添加.section-main 语句，这种写法在需要添加命名空间时非常麻烦，如要给下面的定义统一添加.section-main 的命名空间：

```
div list_style {
    list-style:none;
}
.container{
    margin:0 auto;
    width:970px;
}
    text_dec {
```

```
        text-decoration:none;
    }
    ....../*如果这里有几十个定义，需要逐一添加命名空间就非常得繁琐*/
```

Note

6.1.5 CSS 缺陷总结

CSS 作为一种简单易学的标记语言一直在不断地完善。编写 CSS 文件是前端工作中一项普通而又频繁的工作，由于其没有变量、函数、混合、不能进行运算，无法方便地继承和模块化，使得开发者不得不反复地做很多类似的工作。而本章将要介绍的 CSS 预处理语言就是为填补这一部分功能，预处理语言是一种类 CSS 的语言，可以简化 CSS 的编写，并且降低 CSS 的维护成本，用更少的代码做更多的事情，巧妙地弥补了 CSS 的不足。

6.2 LESS 的应用

预处理语言的出现就是为了解决 CSS 的种种不足，目前来说，使用 CSS 预处理语言是弥补 CSS 语言不足的最有效方式，而 LESS 则正是目前应用最为广泛的一种。

6.2.1 LESS 介绍

LESS（全称 LESSCSS）诞生于 2009 年，是一种动态样式语言，属于 CSS 预处理语言的一种，它使用类似 CSS 的语法，为 CSS 赋予了动态语言的特性，如变量、继承、运算、函数等，更方便 CSS 的编写和维护。LESS 既可以在多种语言、环境中使用，如可以在客户端上运行（支持 IE6+、webkit 核心浏览器、Firefox），也可以借助 Node.js 或 Rhino 的服务端运行。

LESS 使用 CSS 的语法，让大部分开发者和设计师更容易上手，虽然比起 SASS 来，可编程功能不够，但因为使用简单和兼容 CSS，因而在互联网社区的支持者是最多的，尤其是中文互联网的汉化是所有预处理语言中最好的。对于国内的开发者来讲，LESS 学习成本最低，而且它的源码采用的是 JavaScript 这款大多数前端工程师都熟悉的脚本语言，对应的工具开发也有开发者社区强有力的扶持。LESS 中文网站如图 6.1 所示。

图 6.1　LESS 中文首页

6.2.2　LESS 使用基础

按 LESS 的语法规则写好的扩展名为.less 的文件只有编译为扩展名为.css 的文件后才能被浏览器识别，为方便学习，建议初学者用编译工具来编译.less 文件，下面是一些可选的 LESS 编译工具。

（1）Koala，国内开发的 LESSCSS/SASS 编译工具。全平台的 LESS/SCSS 编译工具，下载地址：http://koala-app.com/index-zh.html。

（2）Codekit，MAC 下自动编译 Less/Sass/Stylus/CoffeScript/Jade/haml 的工具，含语法检查、图片优化、自动刷新等附加功能，下载地址：https://codekitapp.com/。

（3）WinLess，Windows 下的 LESS 编译软件，下载地址：http://winless.org/。

（4）SimpleLess，全平台 LESS 编译软件，适用于 Windows、Linux 和 MAC 操作系统。下载地址：http://wearekiss.com/simpless。

除了使用编译工具，LESS 还提供浏览器端使用的方法，步骤如下：

（1）下载 LESS 的.js 文件，例如 less.js。

（2）在页面中引入.less 样式文件：

```
<link rel="stylesheet/less" href=" http://localhost/ styles.less" />
```

需要注意 rel 属性的值是 stylesheet/less，而不是 stylesheet。客户端调试方式下需要引入 http 链接的.less 样式文件，使用本地的.less 文件会报错。

（3）引入第一步下载的.js 文件，在<head>中引入：

```
<script src="less.js" type="text/javascript"></script>
```

注意：LESS 样式文件一定要在引入 less.js 前先引入。

完成这 3 个步骤后，刷新网页就可以看到修改 LESS 文件后发生的变化了。

6.2.3　使用变量

在 LESS 中，使用@关键字进行变量的定义。如下面的这个示例：

```
/*LESS 代码*/
    @color:#4D926F;
    #header{
        color:@color;
    }
    h2{
        color:@color;
    }
    /*编译后的 CSS 代码*/
    #header{
        color: #4D926F;
    }
    h2{
        color: #4D926F;
    }
```

这样，只需要记住@color 这个有实际意义的变量名称，就无须在编码时去粘贴复制难记的十六进制 RGB 代码，并且对于整体的配色调整，例如主色修改只需要修改@color 的值就可以完成全局的更新，极大地方便了后期的维护。

6.2.4　使用混合

混合可以将一个定义好的 class A 轻松地引入到另一个 class B 中，从而简单实现 class B 继承 class A 中的所有属性。Mixin 还可以带参数地调用，就像使用函数一样，Mixin 是可以重用的代码块。

Mixin 在实际开发中的具体作用就是把一些通用的样式抽取出来，以后就无须编写重复的代码了。对于 CSS，尤其是 CSS3 被引入之后，由于各大浏览器厂商推行各自的标准，导致开发者为了浏览器兼容性必须编写大量带有属性前缀的代码。Mixin 用在这里正是再合适不过了，如下面这个示例：

```
/*LESS 源码:*/
.rounded-corners(@radius:5px){
   -webkit-border-radius:@radius;
   -moz-border-radius:@radius;
   -o-border-radius:@radius;
   border-radius:@radius;
}
#header{
   .rounded-corners;
}
#footer{
   .rounder-corners(10px);
}
/*编译后的 CSS 代码: */

#header{
   -webkit-border-radius: 5px;
   -moz-border-radius: 5px ;
   -o-border-radius: 5px;
   border-radius: 5px;
}
#footer{
   -webkit-border-radius: 10px;
   -moz-border-radius: 10px ;
   -o-border-radius: 10px;
   border-radius: 10px;
}
```

Mixin 的语法关键字是一个符号，可以将其联想记忆为 CSS 选择器中的类。通过这个示例可以看到，对于像圆角这类的需要属性前缀的 CSS3 属性，以及其他类似的通用模块都可以采用 Mixin，从而实现一次定义，无限使用，既可以大大缩减无谓的重复定义，又提高了代码的可读性和可维护性。

6.2.5　嵌套规则

嵌套规则可以在一个选择器中嵌套另一个选择器来实现继承编写层叠样式，这样很大程度减少了代码量，并且代码看起来更加的清晰。之前我们在讨论 CSS 的缺陷时曾经举了这样的一个例子：

```
.section-main div li{
    List-style:none;
}
.section-main .container{
    Margin:auto;
    Width:960px;
}
.section-main a {
    Text-decoration:none;
}
```

如果使用 LESS 编写：

```
.section-main {
    div li{
        List-style:none;
    }
    .container{
        Margin:auto;
        Width:960px;
    }
    a {
        Text-decoration:none;
    }
}
```

这样代码更为简洁，并且更易于维护。

6.2.6　函数和运算

任何数字、颜色或者变量都可以参与运算，这样就可以实现属性值之间的对照关系。例如：

```
@the-border: 1px;
@base-color: #111;
@red: #842210;
#header {
    color: (@base-color * 3);
    border-left: @the-border;
    border-right: (@the-border * 2);
}
#footer {
    color: (@base-color + #003300);
```

```
    border-color: desaturate(@red, 10%);
}
```

编译后的 CSS：

```
#header {
    color: #333;
    border-left: 1px;
    border-right: 2px;
}
#footer {
    color: #114411;
    border-color: #7d2717;
}
```

LESS 的运算能够分辨出颜色和单位，例如：

```
@length:10px+8;
```

LESS 会输出 18px。

可以使用括号来改变运算的优先级：

```
height:(@het+10)*2;
```

可以在复合属性中进行运算，例如：

```
border:(@wit *2) solid black;
```

6.2.7　LESS 语言总结

　　LESS 目前已成为行业内流行的 CSS 预处理语言，它的核心优势是简单易学、文档丰富、拥有多种图形化的编译工具，并且 LESS 是采用前端开发者熟悉的 JavaScript 语言编写的。

　　使用 LESS，可以较好地解决 CSS 编写中暴露出的不能进行变量定义、无法计算、重复代码过多、难以进行嵌套和命名空间的设置等显著问题，LESS 就像它的名字一样，让开发者用更少的代码做更多的事情。

6.3　SASS 的应用

　　SASS 于 2007 年诞生，是出现较早且非常成熟的 CSS 预处理语言，有比 LESS 更为强大的功能，SASS 的一个关键特性是缩进式的语法，不过开发者需要花费时间学习其新的语法以及重新构建现有的样式表。由于其强大的功能和拥有 ruby 社区的大力推动，逐渐被更多开发者选择使用，目前受 LESS 影响，已经进化到了全面兼容 CSS 的 SCSS。

6.3.1　SASS 介绍

　　SASS（Syntactically Awesome Stylesheets）是采用 Ruby 语言编写的一款 CSS 预处理语言，最开始的语法叫作"缩进语法"，与 Haml（一种缩进式 HTML 预编译器）类似，SASS 官网（http://sass-lang.com/）如图 6.2 所示。

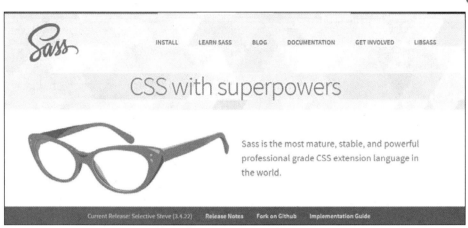

图 6.2 SASS 官方网站

6.3.2 SASS 安装和使用

SASS 是采用 Ruby 语言编写的，不过不懂 Ruby，一样可以使用 SASS。只是首先要安装 Ruby，才能安装使用 SASS，因此使用 SASS 相对于 LESS 要复杂一些。

第一步：先从官网下载 Ruby 并安装（注：mac 下自带 Ruby 无须再安装 Ruby！）。

第二步：Ruby 安装完成后，在终端输入 gem install sass 进行安装，安装完成后就可以使用 SASS 命令了。在终端输入 sass-help 可以查看 SASS 命令的选项。

6.3.3 使用变量

SASS 的变量关键字和 PHP 一样，都是以$开头，例如：

```
$primary-color:#00aff0;
div{
    color: $primary-color:;
}
```

编译后的 CSS 代码是：

```
div{
    color: #00aff0;
}
```

SASS 还允许将变量镶嵌在字符串之中，语法也和 Ruby 一样，变量必须写在#{}中。例如：

```
$blue: #3bbfce;
$margin: 16px;
$side:left;
.rounded{
    border-color: $blue;
    color: darken($blue, 10%)
    border-#{side}-radius:5px;
}
```

编译后的 CSS 代码就是：

```
.rounded{
    border-color: #3bbfce;
    color: #2b9eab;
    border-left-radius:5px;
}
```

6.3.4　计算

和 LESS 一样，SASS 允许直接在代码中使用算式，并且支持变量和函数，例如：

```
$var:1200px;
body{
margin:(24px/2);
padding:pi()px;
top:50px + 80px;
right: $var * 10%;
}
```

转换为 CSS 就是：

```
body{
margin:12px;
padding:3.14159px;
top:130px;
right:120px;
}
```

6.3.5　嵌套

和 LESS 一样，SASS 允许选择器嵌套。例如：

```
div {
        hi {
            color:blue
        }
}
```

编译后的 CSS 就是：

```
div h1 {
        color : red;
}
```

6.3.6　代码重用

1．使用@import 插入文件

@import 可以用来插入外部文件，例如：

```
@import "path/filename.scss";
```

如果插入的是 CSS 文件，则等同于 CSS 的 import 命令。

```
@import "foo.css";
```

注意：@import 的顺序和先后有关，权重较高的文件应当放在靠后的位置引入。

2. 使用@extend 继承

SASS 允许一个选择器继承另一个选择器，具体到这里就是可以通过@extend 关键字来继承一个已有的定义。例如下面这个示例：

```
.class1{
border:1px solid #ddd;
}
.class2{
@extend .class1;
font-size:120%;
}
```

class2 完全继承了 class1 中的定义，拥有一样的边框，同时 class2 中自己定义的字体大小为 120%。

3. 使用@mixin 混入

使用@mixin 命令，可以定义一个代码块，示例如下：

```
@mixin f_left{
    float:left;
    margin-left:10px;
}
```

使用@include 命令，调用这个 Mixin：

```
div{
    @include f_left;
}
```

和 LESS 一样，SASS 的 Mixin 也支持参数。

```
@mixin left($value: 10px) {
    float: left;
    margin-right: $value;
}
```

使用的时候，根据需要加入参数：

```
div {
    @include left(20px);
}
```

4. 使用@function 定义函数

SASS 允许用户编写自己的函数，例如：

```
@fuction double($n){
    @return $n * 2;
}
```

```
#sidebar{
    width:double(5px);
}
```

6.3.7 高级用法

编程语言都有程序控制语句来控制代码的运行方向。SASS 中也有 @if、@else、@while 等控制语句。

（1）@if 可以用来判断：

```
p{
    @if 1 + 1 == 2{ border:1px solid; }
    @if 5 < 3 { border:2px dotted; }
}
```

配套的还有 @else 命令：

```
@if lightness($color)>30%{
    Background-color:#000;
}@else{
    background-color:#fff;
}
```

（2）循环语句。

SASS 支持 for 循环：

```
@for $i form 1 to 10{
    .border-#{$i} {
        border:#{$i}px solid blue;
    }
}
```

（3）SASS 也支持 while 循环：

```
$i: 6;
@while $i > 0{
    .item-#{$i}{width: 2em * $i; }
    $i: $i -2;
}
```

（4）each 命令，作用与 for 类似：

```
@each $member in a, b, c, d {
    .#{$member} {
        background-image: url("/image/#{$member}.jpg");
    }
}
```

6.3.8 SASS 总结

SASS 是较早的 CSS 预编译语言，发展到今天，其功能也越来越强大。和 LESS 相比有更为强大的语法基础，如支持分支和循环操作、支持自定义函数。但是由于其开发语言

Ruby 在前端领域不如 JavaScript 流行，以及 SASS 一开始采取的缩进式语法等原因，致使 SASS 的流行度不如 LESS。

在实际项目开发中，SASS 与 Compass 结合是比 LESS 更强大的工具，但是若实际项目不需要这些更强的功能，也要考虑 SASS 的学习成本比 LESS 更高。现实项目开发中应该根据项目需求以及结合自身团队的情况选择适合的技术。

6.4 使用 SASS 的扩展库 Compass

在实际项目开发中很多样式都是通用的，如 reset（重置 CSS 样式）、CSS3 中带有属性前缀的兼容各大浏览器的代码、链接的颜色、下划线等设置。如果开发者决定使用 CSS 预处理语言，在开始一个项目时，重新定义这些 Function 也是一件不小的工程，基于软件开发工程中"不要重复造轮子"的原则，Compass 应运而生，毫不夸张地说，学会了 Compass，CSS 开发效率会上一个台阶。

SASS 可以让 CSS 的开发和维护变得简单便捷。但是，SASS 只有搭配 Compass，它才能真正发挥其强大的威力。Compass 是一个基于 SASS 的类库，官网如图 6.3 所示，项目主页的地址是 http://compass-style.org，它已经为开发者预定义好了很多常用的 Mixin 和 Function。Compass 由以下几个模块组成。

图 6.3 Compass 官方网站

注意：目前 LESS 中还没有像 Compass 一样成熟且有影响力的类库，如果项目需要的话，可以用 Comless 和 VeryLess 两个类似的库来实现。

Compass 采用模块结构，不同模块提供不同的功能。目前，它内置 5 个模块：Reset、

CSS3、Utilities、Typography 和 Layout 模块,下面将主要介绍前 3 个内置模块,除了 Compass 本身的内置模块,开发者还可以加载第三方模块,或者编写自定义模块。

6.4.1　Reset 模块

Reset 模块是浏览器的重置模块,用于减少浏览器的差异性,即重置浏览器间的差异性。它的功能类似 Bootstrap 3 中集成的 normalize.css,清除浏览器的默认样式,保持网站在不同浏览器下有一致的视觉外观。

要使用 Reset 模块首先要在 SASS 文件头部引入:

```
@import "compass/reset";
```

这样就可以实现清除浏览器的默认样式了。

Reset 模块不同于其他样式模块设置方案,Compass 不仅仅提供全局的样式重置,还可以针对某些指定元素进行重置。例如使用 reset-box-model 进行盒子模型的重置:

```
div{
    @include reset-box-model;
}
```

可以去除 div 标签盒子模型的内外边距和边框。

再如用 reset-display 对元素的 display 进行重置:

```
.Inline_box{
    @include reset-display;
}
```

这样可以恢复元素之前设置的 display 值。

6.4.2　CSS3 模块

Compass 的 CSS3 模块实际就是将开发中经常用到的 CSS3 属性用语义很强的 Mixin 进行了封闭,节约了开发者自己定义的时间。目前,该模块提供 19 种 CSS3 命令。在这里介绍其中的两种:透明和圆角。CSS3 模块也是 Compass 应用最为广泛的模块。要使用 CSS3 模块,首先要在 SASS 文件头部引入:

```
@import "compass/css3"
```

下面举两个例子为读者介绍 Compass 的 CSS3 模块的用法。

1. 元素透明度的设置

第 1 个例子是元素透明度的设置。IE9 以前 IE 浏览器是不支持 opacity 属性的,而同样的效果需要用到 IE 独有的滤镜来实现,但很多开发者不容易记住滤镜的写法。此时使用 Compass 就非常简单了:

```
#opacity {
    @include opacity(0.5);
}
```

简单的一行定义就解决了这个问题。

下面是 Compass 中对 opacity 这个 Mixin 的实现：

```
@mixin opacity($opacity){
  @if $legacy-support-for-ie6 or $legacy-support-for ie7 or $legacy-support-for-ie8{
    filter: unquote("progid:DXImageTransform.Mircrosoft.Alpha(Opacity=#{round($opacity100)})");
  }
  opacity: $opacity;
}
```

实际上它是将正常的 opacity 属性和 IE 的滤镜写在了一个 Mixin 中，在使用中，只需要用@include 关键字对 Mixin 进行调用即可。

2. 圆角设置

圆角（border-radius）的写法是：

```
.rounded {
    @include border-radius(5px);
}
```

第 2 个例子是圆角的设置。Compass 不仅简单地支持 4 个角都是圆角，还支持指定哪一个角为圆角，例如：

```
/*分别为 4 个角设置不同的圆角弧度*/
#border-radius{
    @include border-radius(25px);                        /*4 个角全是圆角*/
}
#border-radius-top-left{
    @include border-top-left-radius(25px);               /*左上角为圆角*/
}
#border-radius-top-lright{
    @include border-top-right-radius(25px);              /*右上角为圆角*/
}
#border-radius-bottom-left{
    @include border-bottom-left-radius(25px);            /*左下角为圆角*/
}
#border-radius-top {
    @include border-top-radius(25px);                    /*上方两个角是圆角*/
}
#border-radius-bottom{
    @include border-bottom-radius(25px);                 /*下方两个角为圆角*/
}
#border-radius-combo{                                    /*设置 4 个弧度不同的圆角*/
    @include border-coner-radius(top,left,40px);         /*左上角为 40px 的圆角*/
    @include border-corner-radius(top,right,5px);        /*右上角为 5px 的圆角*/
    @include border-corner-radius(bottom,left,15px);     /*左下角为 15px 的圆角*/
    @include border-corner-radius(bottom,right,30px);    /*右下角为 30px 的圆角*/
}
```

上述代码除了最后 4 个角有"个性化"设置外，其他设置都是一行代码就搞定。而对比#border-radius-bottom 编译后等效的 CSS 代码：

```
#border-radius-bottom{
  -moz-border-radius-bottomleft:25px;
```

```
    -webkit-border-bottom-left-radius:25px;
border-bottom-left-radius:25px;
    -moz-border-radius-bottomright:25px;
    -webkit-border-border-bottom-right-radius:25px;
border-bottom-right-radius:25px;
}
```

可以看出，在普通 CSS 中一共要写 6 行代码，而使用 Compass 一行就可以了，这个对比充分显示了 Compass 的强大威力。

Compass 目前一共定义了近 20 种常用的 CSS3 效果，读者可以访问 Compass 的官方网站进行查阅。

6.4.3　Utilities 模块

和 Utility 这个单词的英文意义"实用""常用"一样，这个模块该提供某些不属于其他模块的功能。例如，常用颜色、清除浮动或表格，Utility 模块是对开发中经常用到的样式进行封装。

使用 Utility 模块，首先要在 SASS 文件头部引入：

```
import "compass/utilities/";
```

Utility 模块主要包括以下几个分类。

```
import "compass/utilities/";
```

- ☑　Links：常用链接样式。
- ☑　Lists：常用列表样式。
- ☑　Text：文本样式的辅助方法。
- ☑　Color：常用颜色。
- ☑　General：其他常用样式。
- ☑　Sprites："图片精灵"，即对 background-position 的封装。
- ☑　Tables：表格样式的辅助方法。

下面举两个例子进行说明。

链接在平时不显示下划线，而在鼠标移入时显示下划线，这是页面制作中常见的一种交互设计。下划线的显示由 text-decoration 属性控制，这个属性既不好记，又不好拼，开发者遇到这个问题经常不得不借助搜索或字典，而 Compass 中的处理则十分简单好记：

```
a{
    @include hover-link;
}
```

编译后的 CSS 代码：

```
a{
    text-decoration:none;
}
a:hover{
    text-decoration:underline;
}
```

再举一个常见的需求：在文字长度超出框体时，截断文字并显示省略号。相信很多开发者都会遇到这个问题，但设计时往往需要查询搜索引擎或者手册才能完成。这里使用 Compass 提供的 ellipsis，它是一个包装好的 Mixin，同样用一行代码就可以实现这个需求。

```
p{
    @include ellipsis;
}
```

编译后的 CSS 代码：

```
p{
    white-space: nowrap;
    overflow: hidden;
    -ms-text-overflow: ellipsis;
    -o-text-overflow: ellipsis;
    text-overflow: ellipsis;
}
```

对于 Utility 模块其他功能，读者如有需要，可以在 Compass 官方网站查询各个功能模块的详细介绍。

6.4.4 Helpers 函数

除了模块，Compass 还提供一系列函数。本节介绍的几个 Compass 模块主要都是应用 SASS 的 Mixin 特性，对常用的一些样式和兼容性代码进行封装的模块。而 Helpers 则主要使用了 SASS 的函数特性，将一些操作封装成函数以提升开发效率。

函数与 Mixin 的主要区别是，不需要使用 @include 命令，可以直接调用。

Helpers 函数列表可以在官方文档进行查询，下面会通过一个典型的例子进行介绍。

三角函数是 Helper 模块中的重要组成部分，以读者熟悉的正弦函数为例，在 Compass 中用 sin() 表示正弦函数，用法如下：

```
.test_deg{
    width: 200px * sin(30deg);
}
/*如果采用角度制需要加上 deg 作为单位，如果没有单位则默认为弧度制*/
.test{
    width: 200px * sin(pi()/2);
}
/*这里的 pi()也是 Compass 内置的一个函数，表示 π，sin(π/2)=1*/
```

转换为 CSS 以后就是：

```
.test_deg{
    width: 100px
}
.test{
    width:200px;
}
```

Bootstrap 响应式网站开发实战

6.4.5　Compass 总结

Compass 是基于 SASS 的一个扩展库，它可以帮助开发者进一步简化和抽象代码，并提升代码的兼容性，但前提是熟悉 Compass 的各种命名。

Compass 的优势之一在于可以选择性地引入自己需要的模块，其中应用最多的是 CSS3 和 Utilities 模块，可以有效地缩减代码，提高兼容性。相对来说，Layout 模块则很少得到应用，因为开发者往往会采用 Bootstrap 等更丰富的框架来设置页面的布局。

LESS 也有类似的库可以选用，例如 VeryLess 和 Comless，但目前不够成熟。

本　章　总　结

本章通过分析 CSS 语言存在的诸多不足，如无法设置变量、无法进行计算、冗余代码过多、不易设置命名空间等，介绍了 CSS 预处理语言的应用场景，并详细介绍了两种目前行业内较流行和相对完善的 CSS 预处理语言：LESS 和 SASS。

以 LESS 和 SASS 为代表的 CSS 预处理语言在语法及功能上是非常相似的，都可以实现变量、运算、混入（Mixin）、函数、继承、嵌套等功能，都可以简化 CSS 编写和维护的难度。不过需要注意的是，CSS 预处理语言最终是需要编译成 CSS 来执行的，因此在最终实现效果上它们和 CSS 是完全相同的，应用预处理语言可以让开发者用更少的代码做更多的事情。

Compass 则是基于 SASS 语言的扩展类库，封装了开发中常用的样式模块、函数等，Compass 的完善的语法及强大功能也是越来越多的开发者选择 SASS 的原因。

・68・

使用 Bootstrap 插件

在第 5 章中讲解了 Bootstrap 中的各种组件,这只是个开始。Bootstrap 也附带提供了官方的 jQuery 插件,用于扩展网站的功能、丰富用户体验。这些插件可以帮助开发工程师快速构建动态网站。可以使用这些插件并通过 JavaScript 和数据特性对他们做进一步的定制,从而开发出具有创造性的网站。本章主要讲解如何使用 JavaScript 和 jQuery 插件丰富用户的体验。插件的使用方法也是多种多样,我们将展示一些较为简单的方法,帮助大家掌握这些插件的使用。使用 Bootstrap 的 JavaScript 插件不需要是 JavaScript 高手。事实上,利用 Bootstrap 大多数插件无须编写一行代码,只需引入相应的样式就可以触发。

本章工作任务

如何调用 Bootstrap 插件。

本章技能目标

➤ 了解 Bootstrap 插件能做什么、解决了什么问题。
➤ 掌握使用 Bootstrap 插件的方法。

预习作业

1. 背诵英文单词
请在预习时找出下列单词在教材中的用法,了解它们的含义和发音,并填写于横线处。
Collapse with accordion_____

Model_____

Carousel_____

2. 预习并回答以下问题：

请阅读本章内容，在作业本上完成以下简答题：

（1）Bootstrap 插件是什么？

（2）Bootstrap 插件如何应用？

7.1 概　述

　　Bootstrap 提供了 13 个基于 jQuery 类库的插件，包括模态窗口（Modals）、滚动监控（Scrollspy）、标签效果（Tabs）、提示效果（Tooltip）、"泡芙"效果（popovers）、警告区域（Alerts）、折叠效果（Collapse）、旋转木马（carousel）、输入提示（typeahead）等。下面读者将深入学习 Modals 等插件。在 Bootstrap 中所有涉及交互动效的插件都是通用 jQuery 插件来完成的。

　　通常，最好先检查确认 DOM 已经就绪，然后再执行 JavaScript 调用语句。在 DOM 就绪前执行 JavaScript 调用，浏览器可能还没有准备好要操作的元素。使用 jQuery，先选择文档（或整个页面的内容），然后调用.ready()方法即可：

```
$(document).ready(function(){
        alert('页面加载完成');
        //页面加载完成后，会弹出警告框
});
```

7.2 过渡插件

　　过渡插件（Transition）可以实现简单的过渡效果，例如以下几种效果。

☑　模态对话框的滑入/滑出和淡入/淡出。

☑　标签页淡出。

☑　警告框淡出。

☑　滑入/滑出旋转面板。

7.3 模态对话框

　　模态对话框（Modal）用于展示附加的信息或提供需要用户交互的内容，让用户可以完成交互又不离开当前窗口。想让用户在当前页面完成某种稍显复杂的操作，例如登录、注册，或者是阅读用户说明，模态对话框是一个不错的选择，如图 7.1 所示。用户在操作或阅读完毕后可以很方便地返回原页面，免去了页面跳转带来的等待。

图 7.1 模态对话框

构造模态对话框的代码如下：

```
<button class="btnbtn-primary btn-lg" data-toggle="modal" data-target="#myModal">
点击触发模态框
</button>
  <!-- Modal -->
  <div class="modal" id="myModal">
    <div class="modal-dialog">
      <div class="modal-content">
        <div class="modal-header">
          <button type="button" class="close" data-dismiss="modal">&times;</button>
          <h4 class="modal-title" id="myModalLabel">对话框标题</h4>
</div>
    <div class="modal-body">
              模态对话框示例
    </div>
    <div class="modal-footer">
      <button type="button" class="btnbtn-default" data-dismiss="modal">关闭</button>
      <button type="button" class="btnbtn-primary">保存</button>
      </div>
  </div><!-- /.modal-content -->
  </div><!-- /.modal-dialog -->
</div><!-- /.modal -->
```

根据代码分析，完整的模态对话框主要分为两个部分：触发按钮和对话框。触发按钮可以是一个 button，也可以是一个链接。

7.3.1 用法

构造模态对话框，只需要加入两个元素：

☑ data-toggle="modal" 触发器。

☑ data-target=#myModal，用于和相应的对话框 id 进行对应。

要通过 jQuery 调用 id="#myModal" 的模态框，也仅需一行代码：

```
$('#myModal').modal(options)
```

7.3.2 对话框结构

构造模态对话框分主要分 3 层结构。

第一层：<div class="modal" id="myModal">…</div>，使用 class="modal"设置样式并设置模态对话框的触发类，提供 id 和触发按钮的 data-target 属性的值进行对应，还可以添加其他的配置属性。

第二层：<div class="modal-dialog">…</div>，设置一个居中的对话框。

第三层：<div class="modal-content">…</div>，设置具体的内容。之后，定义了 modal-header、modal-body、modal-footer，在其中放入了相关的内容。也对按钮使用了情景颜色，让它看起来更符合实际的用途。

注意： 不要在一个模态框上重叠另一个模态框。

开发中，选项参数可以通过 data 属性或 JavaScript 进行传递。对于 data 属性，需要将选项名称放到 data-之后，例如 data-backdrop=""，具体参数可以参考官方文档。

7.4 标签页切换

标签页（Tab）导航，也叫选项卡切换。相信读者已经习惯很多网站上的可切换的标签导航。通过组合一些内容属性，Bootstrap 让开发者轻松创建标签页式界面。例如，有多个分类的内容，又不想全部直接展现在页面上，使用标签页进行切换是一个不错的选择，如图 7.2 所示。

| 首页 | 概述 | 信息 | 设置 |

欢迎来到Bootstrap 3的jQuery插件测试

图 7.2 标签页切换

图 7.2 标签页切换的代码如下：

```
<ul class="navnav-tabs">
    <li class="active"><a href="#home" data-toggle="tab">首页</a></li>
    <li><a href="#profile" data-toggle="tab">概述</a></li>
    <li><a href="#messages" data-toggle="tab">信息</a></li>
    <li><a href="#settings" data-toggle="tab">设置</a></li>
</ul>
<!-- Tab panes -->
<div class="tab-content">
  <div class="tab-pane active" id="home">
      <h3>欢迎来到 Bootstrap 3 的 jQuery 插件测试</h3>
  </div>
  <div class="tab-pane" id="profile">
      <p>这里用于提供 Bootstrap 3 的 jQuery 插件的测试用例，并提供讲解</p>
  </div>
  <div class="tab-pane" id="messages">信息</div>
  <div class="tab-pane" id="settings">设置</div>
</div>
```

7.4.1 标签页用法

标签页切换由两部分组成：标签页部分和与标签页对应的内容部分。

标签页部分本质是一个列表，为列表的 ul/ol 属性添加.nav 和.nav-tabs 类，使其展现为标签页的样式，列表项中的<a>链接需要加上 data-toggle="tab"这个触发器，并且 href 的值要和对应内容部分的 id 进行对应。

内容部分需要包裹在<div class="tab-content">…</div>内部，保证除了应该显示的内容外，其他是隐藏的。内容的各个单项需要包裹在<div class="tab-pane">…</div>内部，并且要为<div class="tab-pane">标签设置一个 id，用于与标签页的 href 属性值对应。

7.4.2 用 jQuery 实现标签页切换

除了上面使用 data-toggle="tab"启用标签页之外，Bootstrap 也允许开发者直接使用 jQuery 实现同样的功能。以下是通过 JavaScript 激活标签页的代码：

```
$('#myTab a').click(function (e) {
e.preventDefault();
        $(this).tab('show');
})
```

以下是切换到个别标签页的不同方式：

```
$('#myTab a[href="#profile"]').tab('show');        //按照名称选择标签页
$('#myTab a:first').tab('show');                   //选择第一个标签页
$('#myTab a:last').tab('show');                    //选择最后一个标签页
$('#myTabli:eq(2) a').tab('show');                 //选择第三个标签页（索引 0 为第一个）
```

7.5 工具提示条

工具提示条（Tooltip）可以用来给出图标、链接或按钮的信息说明，或（与标签连用）给出缩写词的全称以及需要附加的提示，鼠标悬停在元素上时出现这些提示。只要鼠标悬停在元素之上，它就会显示在代码中已经定义好的相关信息，帮助网站的用户了解这些选项或链接的用途，如图 7.3 所示。

图 7.3 鼠标悬停时的提示

示例代码如下：

```
<a href="#" data-toggle="tooltip" data-placement="right" title="在右侧显示提示内容" class="btnbtn-primary">工具提示</a>
```

7.5.1 用法

其中 data-toggle="tooltip"是插件触发器，title 是内容提示文字，data-placement 属性用于指定提示出现的位置。

7.5.2　用 js 使标签页生效

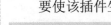

要使该插件生效，需要在页面底部添加 JavaScript 代码完成初始化：

```
$('.btn').tooltip();
```

开发者可以为 tooltip()函数添加参数，或者在标签内添加"data-参数名"进行配置，如上面例子中的 data-placement="right"。

7.6　弹　出　框

弹出框与工具提示条非常相似，可以同时显示标题及详细信息，用来提示或者警告用户。工具提示条（Tooltip）采用的是 hover 进行触发，多用于简单的提示，弹出框则通过点击触发，一般用于显示更多的内容，如图 7.4 所示。

图 7.4　弹出框插件

应用弹出框插件的代码结构和 Tooltip 差不多，图 7.4 的实现代码如下：

```
<a href="javascript:void(0);" class="btn btn-lg btn-danger" data-toggle="popover" title="" data-content="采用了点击事件触发，相比 Tooltip 可以显示更多、更正式的内容，并且可以配置更多样式。"data-original-title="弹出框的应用">点击了解更多....
</a>
```

7.6.1　用法

需要添加 data-toggle="popover"触发器进行触发，主要有两个配置项：data-content 配置弹出框的内容，data-original-title 配置弹出框的标题。

7.6.2　用 js 使弹出框生效

弹出框对 Tooltip 存在依赖，因此插件中必须包含 Tooltip。和 Tooltip 一样，也需要添加初始化 JavaScript 代码：

```
$('.btn-danger').popover();
```

和 Tooltip 一样，可以为 popover()函数添加参数，或者在标签内添加"data-参数名"进行配置，如上面 Tooltip 例子中的 data-placement="right"。

7.7　提　示　信　息

提示信息（Alert）也叫警告框，一般来说，任务执行成功或失败后，用户需要得到一个提示信息，这个信息可以出现在页面跳转后的新页面，也可以是 AJAX 执行成功后的回调。但它们都有一个共同的特点：需要在阅读完毕后消失。Bootstrap 内置了警告框插件，使用户可以单击关闭按钮关掉提示信息，如图 7.5 所示。

警告，服务器挂了！　　　　　　　　　　　　　　　　　　　　　X

图 7.5　提示信息

示例代码如下：

```
<div class="alert alert-danger fade in">警告，服务器挂了！
    <a class="close" data-dismiss="alert" href="#">X</a>
</div>
```

7.7.1　用法

构造提示信息需要两个部分：提示信息和关闭信息按钮。提示信息这里使用了 Bootstrap 内置的 alert 类，关闭按钮则是在和提示信息文字并列的位置构造一个链接，为该链接添加 data-dismiss="alert"这个触发器触发关闭事件。

7.7.2　选项

Bootstrap 为警告的关闭动作设置默认的事件，允许进行监听，可以再编写关闭警告框后执行的动作。

☑　close.bs.alert：当 close 函数被调用之后，此事件被立即触发。

☑　Closed.bs.alert：当警告框被关闭之后（CSS 过渡效果执行完毕），此事件被触发。

示例代码如下：

```
$("#my-alert").bind('closed.bs.alert',function(){//执行动作的代码)
```

7.8　按　　钮

按钮（Button）插件为网页添加一些交互状态或者为其他组件创建按钮组。一般情况下，按钮用于完成动作的触发或页面的跳转，除此之外，Bootstrap 还通过 jQuery 插件对按钮的功能进行了一些扩展，如按钮的状态设置、模拟 checkbox、radio 效果的按钮组等。

7.8.1　按钮的 Loading 状态

按钮的 Loading 状态，一般用于需要响应 AJAX 请求的场景，防止多次单击，通过添加 data-loading-text="Loading…"，并且编写 JavaScript 代码绑定事件来实现，如图 7.6 所示。

提交　　Loading…

图 7.6　按钮的 Loading 状态

图 7.6 的代码如下：

```
<button type="button" id="fat-btn" data-loading-text="loading" class="btnbtn-primary">提交</button>
<button type="button" id="loading-example-btn" data-loading-text="Loading..." class="btnbtn-primary">
提交 </button>
```

```
<script>
$('#loading-example-btn').click(function () {
varbtn = $(this)
btn.button('loading')
    });
</script>
```

7.8.2 按钮组的状态设置

Bootstrap 支持按钮组的选中状态设置，类似于复选/单选表单。首先来看一个未经任何设置的按钮组，如图 7.7 所示。

图 7.7 的代码如下：

```
<div class="btn-group">
    <button type="button" class="btnbtn-default">左转弯</button>
    <button type="button" class="btnbtn-default">直行</button>
    <button type="button" class="btnbtn-default">右转弯</button>
</div>
```

如果要让按钮的状态可以保持，需要为外层的<div>添加属性 data-toggle="button"，并在每一个按钮内部添加单选/复选表单，例如：

```
<div class="btn-group"data-toggle="button">
    <button type="button" class="btnbtn-default">
    <input type="checkbox">左转弯
    </button>
    <button type="button" class="btnbtn-default">
    <input type="checkbox">直行</button>
    <button type="button" class="btnbtn-default">
    <input type="checkbox">右转弯</button>
</div>
```

代码生成效果如图 7.8 所示。

图 7.7　未经任何设置的按钮组　　　　图 7.8　让按钮的状态可以保持

7.9　折　　叠

折叠（Collapsible）用于内容的展开/收起，其功能同标签页类似，两者展开方向是一样的，都是向下展开内容，但是标签页的标题项是左右排列，而折叠（俗称手风琴效果）

的标题是上下排列的。而且折叠还可以同时展开各个项目的内容，而标签页只能同时展开一个。折叠效果如图 7.9 所示。

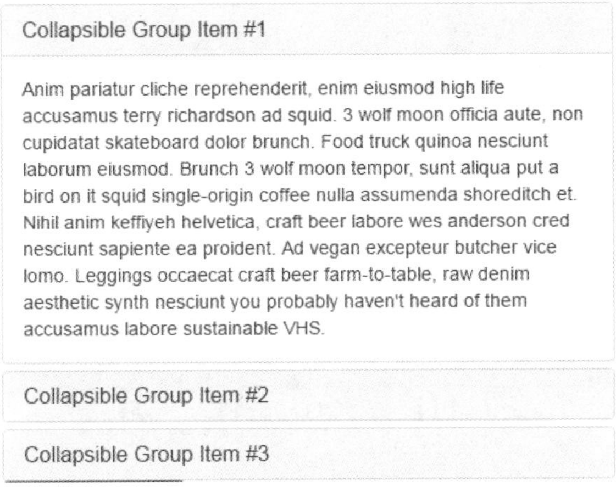

Collapsible Group Item #1

Anim pariatur cliche reprehenderit, enim eiusmod high life accusamus terry richardson ad squid. 3 wolf moon officia aute, non cupidatat skateboard dolor brunch. Food truck quinoa nesciunt laborum eiusmod. Brunch 3 wolf moon tempor, sunt aliqua put a bird on it squid single-origin coffee nulla assumenda shoreditch et. Nihil anim keffiyeh helvetica, craft beer labore wes anderson cred nesciunt sapiente ea proident. Ad vegan excepteur butcher vice lomo. Leggings occaecat craft beer farm-to-table, raw denim aesthetic synth nesciunt you probably haven't heard of them accusamus labore sustainable VHS.

Collapsible Group Item #2

Collapsible Group Item #3

图 7.9 折叠

7.9.1 用法

如果只是构建单个元素的展开收起，那么结构非常简单：

```
<button class="btnbtn-default" data-toggle="collapse" data-target="#demo">
折叠标题
</a>
<div id="collapseOne" class="panel-collapse collapse in">折叠内容</div>
```

只需要为标题容器添加 data-toggle="collapse" 触发器，并将 data-target 的值和折叠内容容器的 id 进行对应即可。

如果要构造如图 7.9 所示的折叠组，那么代码如下：

```
<div class="panel-group" id="accordion">
  <div class="panel panel-default">
  <div class="panel-heading">
    <h4 class="panel-title">
      <a data-toggle="collapse" data-toggle="collapse" data-parent="#accordion" href="#collapseOne">
      折叠标题部分
      </a>
    </h4>
  </div>
  <div id="collapseOne" class="panel-collapse collapse in">
    <div class="panel-body">
      折叠内容部分
      </div>
    </div>
  </div>
  ⋮
</div>
```

折叠插件首先需要构建一个折叠组<div class="panel-group">…</div>，所有内容都要放在这个组中。

7.9.2　选项

组里的每一个项目实质上是一个面板,面板的结构在前面介绍过。不同点在于panel-body（面板内容）要包裹在<div id="collapseOne" class="panel-collapse collapsein">…</div>内部。Panel-heading（面板的标题部分）中要将标题文字放在链接<a data-toggle="collapse" data-parent="#accordion"href="#collapseOne">…</a>内部。该链接必须要有 data-toggle="collapse"这个触发器,data-parent="#accordion"用于和折叠组的 id 进行对应,href="#collapseOne"用于和面板内容外层 div 元素的 id 对应。

7.10　幻　灯　片

幻灯片（Carousel）插件也称轮播,是一种便捷高效向网页添加滑块展示效果的方式。Bootstrap 集成了一个幻灯片组件,可以完成图片或内容的切换和自动播放,如图 7.10 所示。

图 7.10　幻灯片

图片的幻灯片页面结构由 3 部分组成:控制器、内容部分、标示符。控制器负责控制幻灯片的翻页,标示符标示页码,内容部分负责展现内容。具体代码如下:

```
<div id="carousel-example"class="carousel slide" data-ride="carousel">
<!—标示符-->
  <ul class="carousel-indicators">
    <li data-target="#carousel-example-generic" data-slide-to="0" class="active"></li>
    <li data-target="#carousel-example-generic" data-slide-to="1"></li>
    <li data-target="#carousel-example-generic" data-slide-to="2"></li>
  </ul>

  <!—包裹幻灯片内容 -->
```

```
<div class="carousel-inner">
    <div class="item active">
      <img src="···" alt="...">
    </div>
    <div class="item">
      <img src="···" alt="...">
    </div>
    <div class="item">
      <img src="···" alt="...">
    </div>
</div>

<!—控制器 -->
    <a class="left carousel-control" href="#carousel-example-generic" data-slide="prev">
      <span class="glyphiconglyphicon-chevron-left"></span>
    </a>
    <a class="right carousel-control" href="#carousel-example-generic" data-slide="next">
      <span class="glyphiconglyphicon-chevron-right"></span>
    </a>
</div>

</div>
```

7.10.1　用法

首先，所有内容都需要包裹在<div class="carousel slide">···</div>内部，如果需要开启轮播，则需要加入 data-ride="carouse"触发器。

标示符部分是一个列表，需要为 ol/ul 项添加.carousel-control 类，并添加一个.left 或.right类指明向前翻页还是向后翻页。翻页的图标可以使用 Bootstrap 内置的图标：

```
<span class="glyphiconglyphicon-chevron-left"></span>
<span class="glyphiconglyphicon-chevron-right"></span>
```

也可以是自定义图标的样式。

注意：Bootstrap 的幻灯片插件是基于 CSS3 实现的动画效果，但是 IE9 及 IE9 以下的浏览器不支持这些必要的 CSS 属性，因此 IE 下会丢失过渡动画效果。

和其他插件的参数配置一样，可以通过 data 属性或 JavaScript 传递选项参数。对于 data属性，将选项名称放到 data-之后，例如 data-inteval=""。

7.10.2　选项

（1）以可选的选项对象初始化并启动传送带：

```
$('.carousel').carousel({
interval: 2000
})
```

（2）从左到右轮播传送带中的项：

```
.carousel('cycle')
```

（3）暂停传送带的轮播：

```
.carousel('pause')
```

（4）把传送带切换到特定的项。
类似数组，基于 0 计数：

```
.carousel('number')
```

（5）切换：

```
.carousel('prev')  切换到前一项
.carousel('next')  切换到后一项
```

本 章 总 结

　　本章介绍了 9 种最常用的 Boostrap 插件，项目中应用 Boostrap 插件能大大提高前端开发的效率，使前端开发从原始的刀耕火种的时代，步入到工业文明时代。用 Boostrap 可以实现任何符合行业需求的项目。

本 章 作 业

　　1．实现如图 7.11 所示的幻灯片切换效果。
　　2．实现如图 7.12 所示的效果。

图 7.11　幻灯片切换

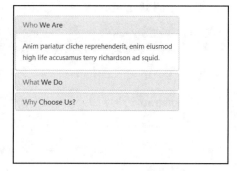

图 7.12　折叠菜单

第8章

定制及优化 Bootstrap

本章简介

本章主要介绍对 Bootstrap 的定制方法，通过实践的方式，在项目中包含 Bootstrap 并实现简单的定制，也详细讲述需要编译 LESS 的深度定制的方法。Bootstrap 的 CSS 源代码是用 LESS 编写的，使用了一些变量和 Mixin，使得开发者可以轻松地实现定制。

本章工作任务

如何对 Bootstrap 进行个性化定制。

本章技能目标

➤ 了解 Bootstrap 的两种定制化途径。
➤ 掌握在官网进行 Bootstrap 定制的方法。
➤ 掌握修改源代码定制 Bootstrap 的方法。

8.1　在官方网站进行 Bootstrap 定制

首先进入 http://v3.bootcss.com 网站，单击定制选项，进入 Bootstrap 的定制页面，如图 8.1 所示。

向下滚动页面，首先会发现 CSS 组件的部分，如图 8.2 所示。在这里，可以只选择需要的组件下载，避免整体使用 Bootstrap 造成的 CSS 文件过大的问题。

继续向下滚动页面，如图 8.3 所示，这是定制 jQuery 组件的部分。在项目实战开发当中，并不需要使用所有的效果，在这里选择需要的组件即可。如果喜欢其中的 JS 效果，也可以在这里直接下载对应的 jQuery 插件。

图 8.1　中文官网定制页面

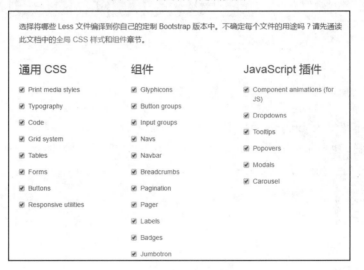

图 8.2　CSS 组件定制

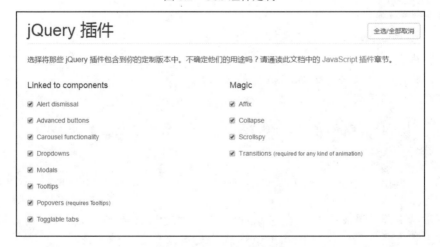

图 8.3　jQuery 组件定制

最后就是全局变量的设置，如图 8.4 所示。在这里，可以对 Bootstrap 全局样式进行调整，获得想要的配色效果，还可以制作个性化的 Bootstrap 皮肤。

图 8.4　全局变量设置

根据个人的要求定制完成后，单击页面最下面的"下载"按钮即可完成定制。

官方网站提供的定制化从使用角度来说还是很方便的，但是要求必须对定制方案胸有成竹，因为网站无法保存之前的定制化信息，定制化下载后发现有些地方需要修改，就必须重复上面的过程，这无疑是非常麻烦的。

8.2　修改源代码定制 Bootstrap

首先需要做一些准备工作，由于 Bootstrap 使用了 Grunt 作为自动化打包测试工具，而 Grunt 是依赖于 Node.js 的，所以需要先在电脑上安装 Node.js。

（1）在中文官方下载页面，单击中间的"下载源码"按钮，下载源代码，如图 8.5 所示。

图 8.5　less 源码下载页面

（2）下载完成后解压，解压后的文件夹如图 8.6 所示。

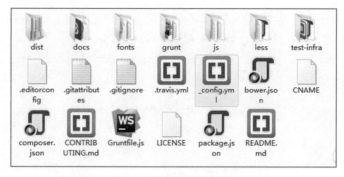

图 8.6   解压后的文件夹

其中，less 文件夹中包含了 Bootstrap 中所有样式组件的 less 源代码，js 文件夹中包含了所有的 jQuery 插件，fonts 文件夹用于保存字体文件，dist 文件夹用于保存编译后的 CSS、JavaScript 和字体文件。

（3）需要在命令行中进入该文件夹，执行命令：

Npm install

该命令用于安装自动化管理的 Bootstrap 的 Grunt 插件，安装完成后会生成 node_modules 文件夹，所有需要的 Node.js 插件都安装在这里。

注意：由于默认的安装源服务器在国外，可能由于网络原因安装失败，可以在命令行中使用 npm config set registry http://registry.cnpmjs.org 这个命令，将下载源改为国内。

（4）要完成 CSS 的定制化，需要进入 less 文件夹，如图 8.7 所示，修改 variables.less 和 bootstrap.less 文件。其中 variables.less 是全局变量的配置文件，bootstrap.less 是加载项的配置文件。

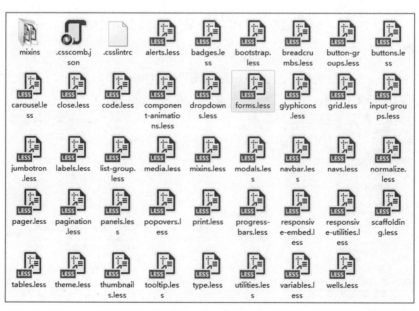

图 8.7   less 文件夹中的组件

Note

（5）打开 bootstrap.less 文件，可以看到如图 8.8 所示的结构。一般来说，可以配置组件部分，也就是图中的注释"//Components"后面的代码，将其中一些用不到的注释去掉。而对于核心组件，建议保留原貌。

```
1    // Core variables and mixins
2    @import "variables.less";
3    @import "mixins.less";
4
5    // Reset and dependencies
6    @import "normalize.less";
7    @import "print.less";
8    @import "glyphicons.less";
9
10   // Core CSS
11   @import "scaffolding.less";
12   @import "type.less";
13   @import "code.less";
14   @import "grid.less";
15   @import "tables.less";
16   @import "forms.less";
17   @import "buttons.less";
18
19   // Components
20   @import "component-animations.less";
21   @import "dropdowns.less";
22   @import "button-groups.less";
23   @import "input-groups.less";
24   @import "navs.less";
25   @import "navbar.less";
26   @import "breadcrumbs.less";
27   @import "pagination.less";
28   @import "pager.less";
29   @import "labels.less";
30   @import "badges.less";
31   @import "jumbotron.less";
```

图 8.8　bootstrap.less 文件

（6）如果只是想单独使用某个组件，需要将 js 文件夹中对应的组件应用到项目中即可。如果需要应用多个组件，并将其打包处理，则通过修改如图 8.9 所示的 Gruntfile.js 配置文件，移除那些用不上的 JavaScript 插件，或者添加新的插件。

```
1    /*!
2     * Bootstrap's Gruntfile
3     * http://getbootstrap.com
4     * Copyright 2013-2014 Twitter, Inc.
5     * Licensed under MIT (https://github.com/twbs/bootstrap/blob/master/LICENSE)
6     */
7
8    module.exports = function (grunt) {
9      'use strict';
10
11     // Force use of Unix newlines
12     grunt.util.linefeed = '\n';
13
14     RegExp.quote = function (string) {
15       return string.replace(/[-\\^$*+?.()|[\]{}]/g, '\\$&');
16     };
17
18     var fs = require('fs');
19     var path = require('path');
20     var npmShrinkwrap = require('npm-shrinkwrap');
21     var BsLessdocParser = require('./grunt/bs-lessdoc-parser.js');
22     var getLessVarsData = function () {
23       var filePath = path.join(__dirname, 'less/variables.less');
24       var fileContent = fs.readFileSync(filePath, { encoding: 'utf8' });
25       var parser = new BsLessdocParser(fileContent);
26       return { sections: parser.parseFile() };
27     };
28     var generateRawFiles = require('./grunt/bs-raw-files-generator.js');
29     var generateCommonJSModule = require('./grunt/bs-commonjs-generator.js');
30
31     // Project configuration.
32     grunt.initConfig({
33
34       // Metadata.
35       pkg: grunt.file.readJSON('package.json'),
36       banner: '/*!\n' +
37         ' * Bootstrap v<%= pkg.version %> (<%= pkg.homepage %>)\n' +
38         ' * Copyright 2011-<%= grunt.template.today("yyyy") %> <%= pkg.author %>\n' +
39         ' * Licensed under <%= pkg.license.type %> (<%= pkg.license.url %>)\n' +
40         ' */\n',
41       // NOTE: This jqueryCheck/jqueryVersionCheck code is duplicated in customizer.js;
42       //       if making changes here, be sure to update the other copy too.
```

图 8.9　Gruntfile.js 配置文件

（7）自定义完成后，只要在命令行执行 grunt dist 命令，就可以自动将文件打包到 dist

文件夹中，同时生成开发版本和应用于生产环境的最小化版本。

　　除了用于打包的 grunt dist 命令外，还有几个常用的命令可能会用到。

- ☑ Grunt：运行所有的测试用例并且编译 CSS 文件到 dist 目录。
- ☑ Grunt test：只运用测试用例。
- ☑ Grunt watch：监控 LESS 文件修改的命令，当该命令运行时，只要修改 LESS 文件，就会自动地调用编译命令生成最新的 css/js 文件。

　　总的来说，两种定制化各有优势，直接在官网定制适合少量的、明确的修改，简单方便。如果需要深度定制，下载源代码修改配置的方式则更为可取。

8.3　其他 Bootstrap 资源

　　Bootstrap 在整体式的前端框架中算是比较早出现的，很多后进者在某些特性上可以说已经超越了 Bootstrap，如更小巧的 Pure、对移动设置更友好的 Foundation，以及一些对浏览器兼容更好的国内框架。

　　Bootstrap 仍然受到开发者青睐的原因不仅仅是它自身优秀，还在于开源社区基于 Bootstrap 开发出的一系列插件、皮肤、模板，这已经形成了良好的生态系统。如果不喜欢 Bootstrap 的配色和样式，那么有成百上千的皮肤可供选择；如果觉得官方的 JavaScript 插件不够丰富，百度（baidu.com）或必应（bing.com）搜一下，各种基于 Bootstrap 的插件可供选择；如果实在懒得下工夫，整体的 Bootstrap 风格网站源代码拿来直接部署就可以。

　　这里为读者介绍一些 Bootstrap 相关资源。

- ☑ Boobstrap 中文网：地址是 http://www.bootcss.com，如图 8.10 所示，不仅有 Bootstrap 官方文档的中文翻译，还提供了很多相关资源的链接，以及常用的前端资源的 CDN。

图 8.10　Bootstrap 中文网

- ☑ Bootwatch：地址是 http://bootswatch.com，如图 8.11 所示，提供各种风格的 Bootstrap 主题下载，还有一些付费的整体方案。

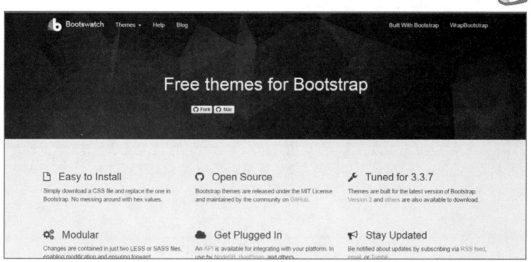

图 8.11　Bootwatch 首页

☑　Bootsnipp：地址是 http://bootsnipp.com/，如图 8.12 所示，这里可以找到各种 Bootstrap 的设计元素、JavaScript 插件。

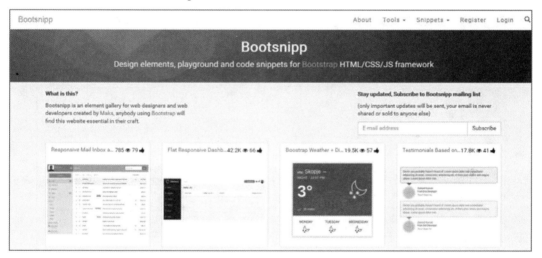

图 8.12　Bootsnipp 的资源列表

本 章 总 结

本章主要介绍当前最流行的前端框架 Bootstrap，包括它的应用场景、主要功能模块、定制化、扩展资源等内容。

Bootstrap 主要包括以下几大模块。

☑　基础 CSS 样式：包括标题、段落、表单、表格、按钮、栅格等基础样式，只要向元素添加指定的类就可以获得 Bootstrap 定义好的样式。

☑　功能组件：包括图标、下拉菜单、导航、分页、按钮组等组合好的模块，需要应

Note

用 Bootstrap 指定的 HTML 结构和类。

☑ jQuery 插件：包括模态对话框、滚动监听、标签页切换、弹出框、警告框、轮播等常用的 jQuery 插件。大多数组件无须编写 JavaScript 代码，只需在 HTML 标签中应用指定的触发器即可。

Bootstrap 提供两种定制化的方式：一种是直接在官方网站的定制化页面修改配置后下载；另一种是下载源代码，修改配置文件并重新编译。直接在官方网站定制虽然简单易行，但只适合修改内容比较少而且比较明确的情况，因为修改的状态是无法保存的。下载源代码的方式更适合较为深度的定制，但是要使用 Bootstrap 的自动化打包工具，需要先安装 Node.js 环境，对初学者来说有一定的难度。

本 章 作 业

定制需要的 Bootstrap 组件及插件，制作如图 8.13 所示的网页。

图 8.13　网页头部页面

开发响应式企业网站

本章简介

本章主要介绍 Bootstrap、布局企业站首页、HTML5、SASS 快速搭建企业网站的方法。本章重点在于应用 SASS 上。

本章工作任务

使用 Bootstrap、HTML5、SASS 快速开发响应式企业网站。

本章技能目标

> 结合前面所学，实践 Bootstrap 框架。
> 掌握快速开发响应式企业网站的方法。
> 掌握实践应用 SASS 方法。

预习作业

> 如何设计一个企业网站？
> 企业网站完整的开发流程包含哪些步骤？
> 如何在网站中加入百度地图并标注地理位置？

9.1 布局企业站首页

企业网站完成效果如图 9.1 所示。

图 9.1 完成效果

这个网页的风格参照了 skype 的官方网站，如图 9.2 所示，但并不是要简单地参照这种成功的配色与布局，而是在此基础上应用相同的原则来设计出我们自己的网站，至于这个网页是如何在 Photoshop 中设计出来的，请参照《网站配色与布局》一书，里面有详尽的设计过程描述，这里只是把切好的图片文件插入项目代码中，通过使用 Bootstrap 和 SASS

来完成这个页面的重构，完成一整套敏捷高效、开发前端代码的流程。

图 9.2 skype 官网的配色与布局

9.1.1 准备 SASS

进行代码书写的前提是你的计算机中已经安装了 SASS，并已经掌握了 SASS 的基础知识。

项目中包含有首页 index.html，"关于我们"页面 about.html，博客页 blog.html，"联系我们"页面 contact.html，"我们的服务"页面 services.html。

9.1.2 构建页面框架

（1）在 getbootsrap.com 官网下载 Bootstrap 源文件。

（2）下载 jQuery。

（3）下载 fontawesome。

（4）搭建页面。

9.2 设 计 首 页

9.2.1 设计 index 页面导航

进入 Bootstrap 官网，下拉网页到 Using the framework 标题，选择 Starter template 选项，如图 9.3 所示。

单击进入如图 9.4 所示页面。

to customize and adapt Bootstrap to suit your individual project's needs.

Get the source code for every example below by downloading the Bootstrap repository. Examples can be found in the `docs/examples/` directory.

Using the framework

Starter template
Nothing but the basics: compiled CSS and JavaScript along with a container.

Bootstrap theme
Load the optional Bootstrap theme for a visually enhanced experience.

Grids
Multiple examples of grid layouts with all four tiers, nesting, and more.

图 9.3　Starter template

Project name　Home　About　Contact

Bootstrap starter template

Use this document as a way to quickly start any new project.
All you get is this text and a mostly barebones HTML document.

图 9.4　Starter template 专项页面

右击查看源代码，复制所有的代码，根据我们的效果图编辑修改后源代码如下：

```
<!DOCTYPE html>
<html lang="en">
<head>
    <meta charset="utf-8">
    <meta http-equiv="X-UA-Compatible" content="IE=edge">
    <meta name="viewport" content="width=device-width, initial-scale=1">

    <title>Starter Template for Bootstrap</title>

    <!-- Bootstrap core CSS -->
    <link href="css/bootstrap.css" rel="stylesheet">

    <!-- Custom styles for this template -->
    <link href="css/font-awesome.css" rel="stylesheet">
    <link href="css/main.css" rel="stylesheet">

</head>

<body>

    <nav class="navbar navbar-inverse navbar-fixed-top">
        <div class="container">
        <div class="navbar-header">
        <button type="button" class="navbar-toggle collapsed" data-toggle="collapse"
        data-target="#navbar" aria-expanded="false" aria-controls="navbar">
```

```
          <span class="sr-only">Toggle navigation</span>
          <span class="icon-bar"></span>
          <span class="icon-bar"></span>
          <span class="icon-bar"></span>
        </button>
        <a class="navbar-brand" href="#">SKYAPP</a>
      </div>
        <div id="navbar" class="collapse navbar-collapse">
          <ul class="nav navbar-nav">
            <li class="active"><a href="incex.html">Home</a></li>
            <li><a href="about.html">About</a></li>
            <li><a href="sevices.html">Services</a></li>
            <li><a href="blog.html">Blog</a></li>
            <li><a href="contact.html">Contact</a></li>
          </ul>
          <ul class="nav navbar-nav navbar-sub pull-right">
            <li><a herf="#">Register</a></li>
            <li><a herf="#">Login</a></li>
          </ul>

        </div><!--/.nav-collapse -->
      </div>
    </nav>
    <!-- Bootstrap core JavaScript
    ================================================== -->
    <!-- Placed at the end of the document so the pages load faster -->
    <script src="js/jquery.js"></script>
    <
    <script src="js/bootstrap.js"></script>

</body>
</html>
```

代码生成效果如图 9.5 所示。

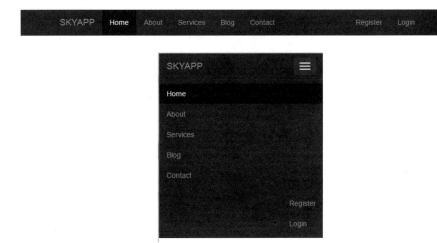

图 9.5 导航菜单完成效果

9.2.2 设计安全展示区

把页面分成导航区块、案例展示区块等，以代码<section>…</section>划分各个区块，在上个区块结束标签后添加如下代码。

```
<section class="showcase">
  <div class="container showcase-content">
    <h1>Bootstrap HTML5 Template</h1>
    <p class="lead">A clean and versatile <strong>Bootstrap 3</strong> theme<br> A responsive design
for your business and products</p>

    <div class="downloads">
      <a href="#"><img src="img/btn-download.png" alt="Download"></a>
      <a href="#"><img src="img/btn-appstore.png" alt="Download"></a>

    </div>
</section>
```

生成效果如图 9.6 所示。

图 9.6　加入 showcase 版块的页面效果

9.2.3 添加搜索栏

使用<section>…</section>布局，在 showcase 区块结束标签之后，加入如下代码：

```
<section class="section-light">
  <div class="container">
    <div class="row">
      <div class="col-md-6">
        <form class="search">
      <div>
        <input type="search" placeholder="Search Our Website & Products">
        <button type="submit" value=""><img src="img/search.png" alt="Search"></button>
        </div>
        </form>
        </div>
        <div class="col-md-6">

        </div>
    </div>
    </div>
</section>
```

生成效果如图 9.7 所示。

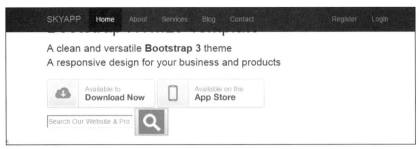

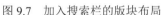

图 9.7　加入搜索栏的版块布局

9.2.4　主体内容区块

使用<section>…</section>为首页加入主体内容区块，代码如下：

```
<section>
    <div class="container">
        <div class="row">
            <div class="col-md-4">
                <div class="block block-primary">
                    <h3><i class="fa fa-check"></i> Sleek</h3>
                    <p>Lorem ipsum dolor sit amet, consectetur adipiscing elit. Aenean pharetra
varius maximus. Cras condimentum porttitor enim a egestas. Suspendisse potenti
                    </p>
                    <a href="#" class="btn btn-default">Read More</a>
                </div>
            </div>
            <div class="col-md-4">
                <div class="block block-secondary">
                    <h3><i class="fa fa-check"></i> Responsive</h3>
                    <p>Lorem ipsum dolor sit amet, consectetur adipiscing elit. Aenean pharetra
varius maximus. Cras condimentum porttitor enim a egestas. Suspendisse potenti
                    </p>
                    <a href="#" class="btn btn-default">Read More</a>
                </div>
            </div>
            <div class="col-md-4">
                <div class="block block-primary">
                    <h3><i class="fa fa-check"></i> Clean</h3>
                    <p>Lorem ipsum dolor sit amet, consectetur adipiscing elit. Aenean pharetra
varius maximus. Cras condimentum porttitor enim a egestas. Suspendisse potenti
                    </p>
                    <a href="#" class="btn btn-default">Read More</a>
                </div>
            </div>
        </div>
    </div>
</section>
```

生成效果如图 9.8 所示。

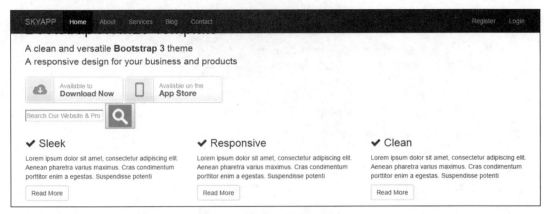

图 9.8   加入主体内容区块

9.2.5   添加另一主体内容区块

使用<section>…</section>为首页加入另一主体内容区块，代码如下：

```
<section class="no-pad-top">
    <div class="container">
        <div class="row">
            <div class="col-md-3">
                <div class="block block-light block-center">
                    <i class="fa fa-html5 fa-primary fa-6 fa-border"></i>
                    <h3 class="heading-primary">Lorem Ipsum</h3>
                    <p>Lorem ipsum dolor sit amet, consectetur adipiscing elit. Aenean pharetra
varius maximus.</p>
                </div>
            </div>
            <div class="col-md-3">
                <div class="block block-light block-center">
                    <i class="fa fa-pie-chart fa-primary fa-6 fa-border"></i>
                    <h3 class="heading-primary">Lorem Ipsum</h3>
                    <p>Lorem ipsum dolor sit amet, consectetur adipiscing elit. Aenean pharetra
varius maximus.</p>
                </div>
            </div>
            <div class="col-md-3">
                <div class="block block-light block-center">
                    <i class="fa fa-unlock-alt fa-primary fa-6 fa-border"></i>
                    <h3 class="heading-primary">Lorem Ipsum</h3>
                    <p>Lorem ipsum dolor sit amet, consectetur adipiscing elit. Aenean pharetra
varius maximus.</p>
                </div>
            </div>
```

```
        <div class="col-md-3">
            <div class="block block-light block-center">
                <i class="fa fa-question-circle fa-primary fa-6 fa-border"></i>
                <h3 class="heading-primary">Lorem Ipsum</h3>
                <p>Lorem ipsum dolor sit amet, consectetur adipiscing elit. Aenean pharetra
varius maximus.</p>
            </div>
        </div>
    </div>
</div>
</section>
```

生成效果如图 9.9 所示。

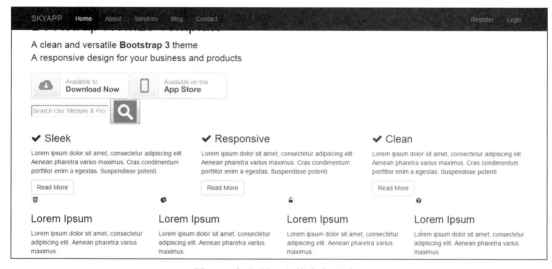

图 9.9　加入另一主体内容区效果

9.2.6　添加一个两栏图文区块

使用<section>…</section>为首页加入一个两栏图文区块，代码如下：

```
<section class="section-light extra-pad">
    <div class="container">
    <div class="row">
        <div class="col-md-6">
        <h2 class="page-header">Use <span class="em-primary">SkyApp</span> on All Devices</h2>
            <ul class="list list-feature">
                <li><i class="fa fa-check fa-6 fa-primary"></i><span>Lorem ipsum dolor</span></li>
                <li><i class="fa fa-check fa-6 fa-primary"></i><span>Lorem ipsum dolor</span></li>
                <li><i class="fa fa-check fa-6 fa-primary"></i><span>Lorem ipsum dolor</span></li>
                <li><i class="fa fa-check fa-6 fa-primary"></i><span>Lorem ipsum dolor</span></li>
            </ul>
            <br>
            <a href="#" class="btn btn-primary btn-lg">Read More</a>
```

```
        </div>
        <div class="col-md-6">
            <img class="device" src="img/device-imac.png">
        </div>
    </div>
  </div>
</section>
```

生成效果如图 9.10 所示。

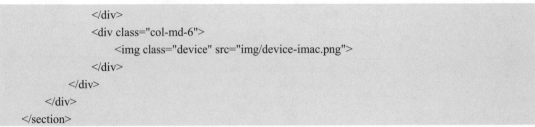

图 9.10　加入一个两栏图文区块

9.2.7　添加另一个两栏图文区块

使用<section>…</section>为首页加入另一个两栏图文区块，代码如下：

```
<section class="section-primary extra-pad">
        <div class="container">
        <div class="row">
            <div class="col-md-6">
                <img class="device device-small" src="img/device-iphone.png">
            </div>
            <div class="col-md-6">
                <h2 class="page-header">Try SkyApp For 30 Days FREE!</h2>
                <p class="lead">Lorem ipsum dolor sit amet, consectetur adipiscing elit Phasellus
et odio.</p>
                <a href="#" class="btn btn-lg btn-default btn-rounded">Start Trial</a>
```

```
                </div>
            </div>
        </div>
    </section>
```

生成效果如图 9.11 所示。

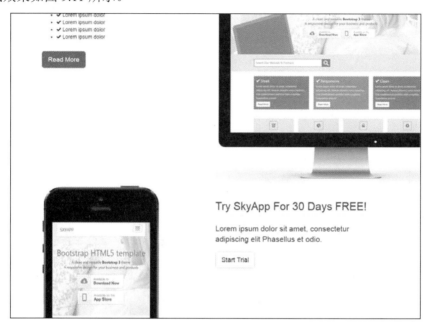

图 9.11　添加另一个两栏图文区块

9.2.8　添加 footer 区块

最后使用<footer>…</footer>为首页加入底部 footer 区块，代码如下：

```
<footer class="footer-main">
    <div class="container">
        <div class="row">
            <div class="col-md-4">
                <h4>Get The SkyAPP</h4>
                <ul>
                    <li class="app-appstore"><a href="#">App Store</a></li>
                    <li class="app-play"><a href="#">Google Play Store</a></li>
                    <li class="app-droid"><a href="#">Android Market</a></li>
                    <li class="app-windows"><a href="#">Windows</a></li>
                    <li class="app-chrome"><a href="#">Google Chrome Store</a></li>
                </ul>
            </div>
            <div class="col-md-4">
                <h4>About</h4>
                <ul>
                    <li><a href="#">What is SkyApp?</a></li>
                    <li><a href="#">View Our Products</a></li>
```

```
            <li><a href="#">Advertise With Us</a></li>
            <li><a href="#">Careers</a></li>
            <li><a href="#">Web Development</a></li>
        </ul>
    </div>
    <div class="col-md-4">
        <h4>Support</h4>
        <ul>
            <li><a href="#">Support Home</a></li>
            <li><a href="#">Our Community</a></li>
            <li><a href="#">Send A Ticket</a></li>
            <li><a href="#">Contact Us</a></li>
        </ul>
    </div>
  </div>
 </div>
</footer>
```

生成效果如图 9.12 所示。

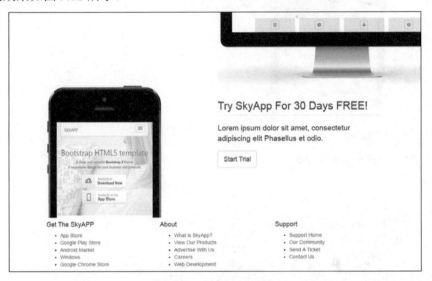

图 9.12　添加 footer 区

至此，首页就完成了，可以复制这个页面重命名为 about.html，9.3 节将以此为基础设计 about.html 页面。

9.2.9　添加页面样式

现在页面结构完成了，可以进入页面美化的部分，也就是网页的 CSS 部分，接下来用 SASS 来编辑这个案例。

1．编译工具 koala 的安装

首先进入页面，根据系统下载所需要的 koala 的版本，然后在下载文件夹中安装下载的 EXE 文件，即可安装成功。

2．版面区域介绍（如图9.13所示）

第一步：首先单击左侧顶部区域的齿轮按钮，设置默认文件的编译方式，并把界面语言设置为中文，单击OK按钮后重启软件，如图9.14所示。

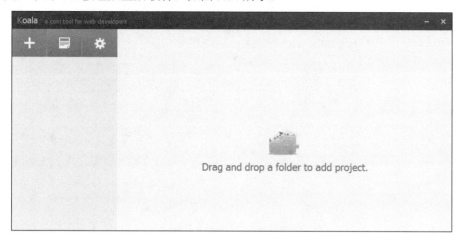

图9.13　koala界面

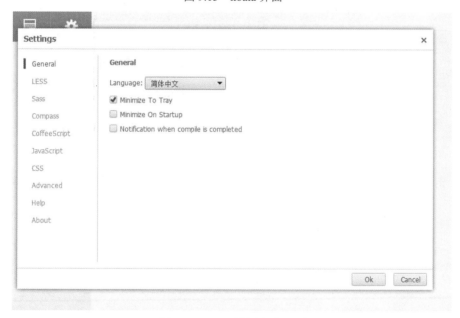

图9.14　koala设置中文界面

然后的设置如图9.15所示。

第二步：添加main.scss文件，可通过界面左栏区域的加号按钮添加，也可以直接将项目拖到右栏project区域。

第三步：单击main.scss文件，在第四区域下设置该文件具体的编译方式，如果没什么特别的，直接用默认设置即可，如果不需要动态编译，直接取消选中"即时编译"复选框。

第四步：单击main.scss的图标，在弹出的窗口中选择编译后的main.css的输出目录。现在可以写首页的样式文件了。

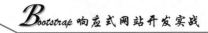

图 9.15　koala 中文界面

Main.scss 代码如下：

```scss
/*
SkyApp Bootstrap Sass Theme
    Author: Cherry Green
    Version: 0.0.1
*/
/* Font Colors */

$base-font-size:15px;
$base-font-family:"Segoe UI","Segoe WP","Segoe Regular", sans-serif;
$base-font-color:#666666;


/* Background Colors */

$primary-color:#00aff0;
$secondary-color:#7fba00;
$light-color:#e4eef2;
$dark-color:#2b5464;


/* Showcase Area */

$showcase-height:400px;
$showcase-image:'../img/showcase.jpg';

/* Mixins */

@mixin border-radius($radius){
  -moz-border-radius:$radius;
  -webkit-border-radius:$radius;
```

· 102 ·

```scss
    border-radius:$radius;
}

@mixin add-border($size, $color, $position){
@if $position == 'all'{
    border:$size solid $color;
  } @else if $position == 'top'{
    border-top:$size solid $color;
  } @else if $position == 'bottom'{
    border-bottom:$size solid $color;
  } @else if $position == 'right'{
    border-right:$size solid $color;
  } @else if $position == 'left'{
    border-left:$size solid $color;
  } @else if $position == 'top-bottom'{
    border-top:$size solid $color;
    border-bottom:$size solid $color;
  } @else if $position == 'right-left'{
    border-left:$size solid $color;
    border-right:$size solid $color;
  }
}

@mixin add-background($color){
    background:$color;
@if $color == $light-color{
    color:#666666;
  } @else {
    color:#ffffff;
  }
}

body{
    font-family:$base-font-family;
    font-size:$base-font-size;
    line-height:1.7em;
    color:$base-font-color;
}

a{
    color:$primary-color;
}

ul,li{
    list-style:none;
}

input, textarea, button{
@include border-radius(0px);
}
/* Navbar */
```

```scss
.navbar{
  width:90%;
  margin:auto;
@include add-border(1px, #e7e7e7, 'right-left');
  border-color:#e7e7e7;
  min-height:60px;
  background:#fff;
  margin-bottom:30px;

  a{
    color:$primary-color !important;
    font-size:20px;
    letter-spacing:-0.5px;
    padding-bottom:24px !important;
    padding-top:20px !important;
  }

}


.page-header{
  margin-top:30px;
}

.no-pad-top{
  padding-top:0;
}

.extra-pad{
  padding-top:40px;
  padding-bottom:40px;
}

.top-inner{
  padding:90px 0 30px 0;
}
/* Image Sizes */
.img-xsm{width:100px;}
.img-sm{width:200px;}
.img-lg{width:400px;}
.img-xlg{width:700px;}

.clearfix {
  clear: both;
}

.navbar-inverse .navbar-nav >li >a:hover, .navbar-inverse .navbar-nav >li >a:focus, .navbar-inverse .navbar-nav > .active >a, .navbar-inverse .navbar-nav > .active >a:hover, .navbar-inverse .navbar-nav > .active >a:focus{
  background:$primary-color !important;
  color:#fff !important;
```

```scss
}

/* Sections */

section{
    padding:30px 0;
}
.section-showcase{
    height:$showcase-height;
    background:url($showcase-image) no-repeat top center;

    .showcase-content{
        padding:110px 15px;
        text-align:center;
    }

    h1{
        color:$primary-color;
    }
}

.section-primary{
@include add-background($primary-color);
}

.section-primary-a{
@extend .section-primary;
@include add-border(4px, $secondary-color, top);
}

.section-primary-b{
@extend .section-primary;
@include add-border(4px, $secondary-color, bottom);
}

.section-secondary{
@include add-background($secondary-color);
}
.section-light{
@include add-background($light-color);
}

.section-dark{
@include add-background($dark-color);
}
/* Searchbox */

.search{
    width:100%;
```

```
h3{
    margin-top:0;
    padding-top:0;
  }

input[type="search"]{
    border:0;
    height:50px;
    width:80%;
    border:2px solid $primary-color;
    font-size:18px;
    padding-left:10px;
    padding-bottom:5px;
  }

button{
    border:0;
    background:none;
    padding:0;
    vertical-align:top;
    margin-left:-4px;
  }
}
/* Blocks */

.block{
   padding:15px;
   margin-bottom:15px;

h3{
    margin-top:0;
    padding-top:0;
  }

iframe{
    width:100%;
  }
}

.block-primary{
@extend .block;
@include add-background($primary-color);
}

.block-secondary{
@extend .block;
@include add-background($secondary-color);
}

.block-light{
@extend .block;
```

```scss
@include add-background($light-color);
}

.block-dark{
@extend .block;
@include add-background($dark-color);
}

.block-center{
    text-align:center !important;
}

.block-image img{
    width:100%;
}

.block-border{
@include add-border(1px, #cccccc, all);
}

.block-primary-head{
h3{
    padding:15px 5px 15px 10px;
@include add-background($primary-color);
    margin:0;
    font-size:18px
}

  .block-content{
@include add-border(1px, $primary-color, all);
    padding:10px;
  }
}

.block-icon{
h3{
    padding:0;
    margin:0;
  }

  .icon{
    float:left;
    width:20%;
    margin-top:10px;
  }

  .icon-content{
    float:left;
    width:70%;
  }
}
```

```scss
.no-pad-top{margin-top:0;}
/* Lists */

.list{
   margin-bottom:30px;
}

.list-feature{
@extend .list;
   margin:0;
   padding:0;
   width:80%;

li{
     line-height:3.6em;
@include add-border(1px, #cccccc, bottom);
     overflow:auto;
  }

li:last-child{
     border:0;
  }

span{
     vertical-align:top;
     padding-top:9px;
     font-size:120%;
  }

i{
     margin-top:-9px;
     margin-right:5px;
  }
}

.list-comments {
   margin:0;
   padding:0;
}

.list-comments li{
   padding:10px 0 5px 0;
@include add-border(1px, #cccccc, bottom);
   overflow:auto !important;
}

.list-comments li:last-child{
   border:0;
}
```

```scss
.list-comments img{
    width:100px;
}
/* Icons */

.fa-2{
    font-size:18px;
}
.fa-3{
    font-size:24px;
}
.fa-4{
    font-size:27px;
}
.fa-5{
    font-size:35px;
}
.fa-6{
    font-size:40px;
}

.fa-primary{
    color:$primary-color;
}

.fa-border{
@include add-border(1px, $primary-color, all);
@include border-radius(5px);
    padding:13px 15px;
    width:70px;
    margin-bottom:10px;
}
/* Headings */

.heading-primary{
    color:$primary-color;
}

.heading-primary-a{
@extend .heading-primary;
@include add-border(2px, $primary-color, bottom);
}

.heading-secondary{
    color:$secondary-color;
}

.heading-secondary-a{
@extend .heading-secondary;
@include add-border(2px, $secondary-color, bottom);
}
```

```scss
.heading-light{
    color:$light-color;
}

.heading-light-a{
@extend .heading-light;
@include add-border(2px, $light-color, bottom);
}

.heading-dark{
    color:$dark-color;
}

.heading-dark-a{
@extend .heading-dark;
@include add-border(2px, $dark-color, bottom);
}
/* Buttons */

.btn-primary{
@include add-background($primary-color);
@include add-border(2px, #ffffff, all);
}

.btn-primary:hover {
    background: darken($primary-color, 10%);
@include add-border(2px, #ffffff, all);
}
img.device{
    width:100%;
}

img.device-small{
    width:70%;
    margin-bottom:-40px;
}
/* Footer */

.footer-main{
@include add-background($dark-color);
@include add-border(5px, $secondary-color,top);
    min-height:200px;
    padding:30px 0;
    z-index:100;

a{
    color:#ffffff;
    }

ul{
```

```
        margin:0;
        padding:0;
    }

li{

        line-height:1.8em;
        list-style:none;
    }
}
```

编译后，最后的效果如图 9.16 所示。

图 9.16　首页设计完成后的效果

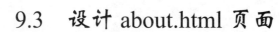

9.3　设计 about.html 页面

9.3.1　保留页面通用部分，添加 about.html 页面区块

在导航结束下删除.showcase 区块，同时在搜索区块下添加一个 12 列的区块，代码如下：

```
<section class="section-primary-a">
    <div class="container">
        <div class="row">
          <div class="col-md-12">
          <h2>Building technology to shape our future</h2>
          </div>
          </div>
    </div>
</section>
```

生成效果如图 9.17 所示。

图 9.17　添加区块

9.3.2　添加页面主体区块

网页主体分成左右两栏，左侧是一个幻灯片及说明页。右侧为一个折叠菜单。相信读者能很快做出这样的布局，下面是布局代码：

```
<section class="section-main">
    <div class="container">
        <div class="row">
          <div class="col-md-8">
          </div>
          <div class="col-md-4">
          </div>
        </div>
    </div>
</section>
```

（1）左侧在<div class="col-md-8">中添加如下代码：

```
<div id="carousel-example-generic" class="carousel slide" data-ride="carousel">
        <!-- Indicators -->
        <ol class="carousel-indicators">
            <li data-target="#carousel-example-generic" data-slide-to="0" class="active"></li>
            <lidata-target="#carousel-example-generic" data-slide-to="1"></li>
            <li data-target="#carousel-example-generic" data-slide-to="2"></li>
        </ol>
```

```
            <!-- Wrapper for slides -->
                <div class="carousel-inner">
                    <div class="item active">
                        <img src="img/slide1.jpg" alt="...">
                    </div>
                    <div class="item">
                        <img src="img/slide2.jpg" alt="...">
                    </div>
                    <div class="item">
                        <img src="img/slide3.jpg" alt="...">
                    </div>
                 </div>

                <!-- Controls -->
                <a class="left carousel-control" href="#carousel-example-generic" role="button" data-slide="prev">
                        <span class="glyphicon glyphicon-chevron-left"></span>
                </a>
                <a class="right carousel-control" href="#carousel-example-generic" role="button" data-slide="next">
                        <span class="glyphicon glyphicon-chevron-right"></span>
                </a>
                </div>
            <h2 class="page-header heading-primary-a">About</h2>
<p>In lacinia ipsum sit amet ultricies semper.
  ⋮
</p>
<p>Donec non est gravida, condimentum mauris sed,
  ⋮
</p>
```

（2）右侧<div class="col-md-4">中添加如下代码：

```
<h2 class="page-header">Lorem Ipsum</h2>
<ul class="list list-feature">
        <li><i class="fa fa-check fa-6 fa-primary"></i><span>Lorem ipsum dolor</span></li>
        <li><i class="fa fa-check fa-6 fa-primary"></i><span>Lorem ipsum dolor</span></li>
        <li><i class="fa fa-check fa-6 fa-primary"></i><span>Lorem ipsum dolor</span></li>
        <li><i class="fa fa-check fa-6 fa-primary"></i><span>Lorem ipsum dolor</span></li>
</ul><div class="panel-group" id="accordion">
<div class="panel panel-default">
<div class="panel-heading">
    <h4 class="panel-title">
    <a data-toggle="collapse" data-parent="#accordion" href="#collapseOne">
    <span class="em-primary">Who</span> We Are
    </a>
    </h4>
</div>
<div id="collapseOne" class="panel-collapse collapse in">
<div class="panel-body">
        Anim pariatur cliche reprehenderit, enim eiusmod high life accusamus terry richardson ad squid.
</div>
</div>
</div>
```

```
<div class="panel panel-default">
<div class="panel-heading">
    <h4 class="panel-title">
    <a data-toggle="collapse" data-parent="#accordion" href="#collapseTwo">
    <span class="em-primary">What</span> We Do
    </a>
    </h4>
</div>
<div id="collapseTwo" class="panel-collapse collapse">
    <div class="panel-body">
        Anim pariatur cliche reprehenderit, enim eiusmod high life accusamus terry richardson ad squid.
    </div>
</div>
</div>
<div class="panel panel-default">
    <div class="panel-heading">
      <h4 class="panel-title">
        <a data-toggle="collapse" data-parent="#accordion" href="#collapseThree">
        <span class="em-primary">Why</span> Choose Us?
      </a>
      </h4>
    </div>
    <div id="collapseThree" class="panel-collapse collapse">
      <div class="panel-body">
        Anim pariatur cliche reprehenderit, enim eiusmod high life accusamus terry richardson ad squid.
      </div>
    </div>
  </div>
</div>
```

生成效果如图 9.18 所示。

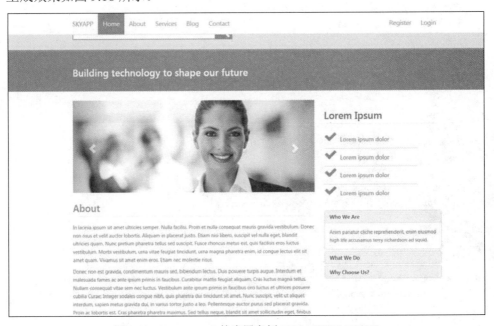

图 9.18　Bootstrap 2 的应用案例 BREAKING NEWS

9.3.3 添加团队展示区块

添加团队展示区块的代码如下：

```
<section>
    <div class="container">
        <div class="row">
            <h2 class="page-header heading-secondary-a">Meet Our Team</h2>
            <div class="col-md-3">
                <div class="block block-light block-center block-image block-border">
                    <img src="img/headshot1.jpg">
                    <h3>Jane Doe</h3>
                    <p>Lorem ipsum dolor sit amet, consectetur adipiscing elit. Aenean pharetra
varius maximus.
                    </p>
                </div>
            </div>
            <div class="col-md-3">
                <div class="block block-center block-image block-border">
                    <img src="img/headshot2.jpg">
                    <h3>Jane Doe</h3>
                    <p>Lorem ipsum dolor sit amet, consectetur adipiscing elit. Aenean pharetra
varius maximus.
                    </p>
                </div>
            </div>
            <div class="col-md-3">
                <div class="block block-light block-center block-image block-border">
                    <img src="img/headshot3.jpg">
                    <h3>Jane Doe</h3>
                    <p>Lorem ipsum dolor sit amet,consectetur adipiscing elit. Aenean pharetra
varius maximus.</p>
                </div>
            </div>
            <div class="col-md-3">
                <div class="block block-center block-image block-border">
                    <img src="img/headshot4.jpg">
                    <h3>Jane Doe</h3>
                    <p>Lorem ipsum dolor sit amet, consectetur adipiscing elit. Aenean pharetra
varius maximus. </p>
                </div>
            </div>
        </div>
    </div>
</section>
```

执行代码，生成效果如图 9.19 所示。

Note

图 9.19 添加团队展示效果区块

9.3.4 添加另一标题区块

代码如下：

```
<section class="section-primary-b">
        <div class="container">
                <div class="row">
                        <div class="col-md-12">
                                <blockquote class="blockquote blockquote-reverse">
                                        <h1>"I do not believe you can do today's job with yesterday's methods and be
in business tomorrow"</h1>
                                        <em>Nelson Jackson</em>
                                </blockquote>
                        </div>
                </div>
        </div>
</section>
```

生成效果如图 9.20 所示。

> "I do not believe you can do today's job with yesterday's methods
> and be in business tomorrow"
>
> Nelson Jackson

图 9.20 另一标题区块

至此，about.html 页面已经全部完成，下面复制 3 次，分别重命名为 services.html、blog.html 和 contact.html。9.4 节将专门设计 services.html。

9.3.5 为 about.html 页面添加样式

由于 index.html 页面已经完成大部分的样式，所以 about.html 页面只需要在 main.scss 中加入如下几行代码，就可以轻松完成样式。

```
.no-pad-top{margin-top:0;}
/* Carousel */
```

```
.carousel{
    margin-bottom:20px;
}

.carousel img{
    padding:3px;
@include add-border(1px, #cccccc, all);
}
.heading-primary-a{
@extend .heading-primary;
@include add-border(2px, $primary-color, bottom);
}
.heading-secondary-a{
@extend .heading-secondary;
@include add-border(2px, $secondary-color, bottom);
}
.block-image img{
    width:100%;
}
.em-primary{
    color:$primary-color;
}
```

经编译后，完成效果如图 9.21 所示。

图 9.21　about.html

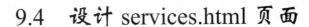
9.4 设计 services.html 页面

9.4.1 保留页面通用部分，修改主体页面区块

在导航结束下删除.showcase 区块，同时在搜索区块下添加一个 12 列的区块，代码如下：

```html
<section class="section-main">
    <div class="container">
        <div class="row">
            <div class="col-md-8">
                <h2 class="page-header heading-primary-a">Services</h2>
                <p>In lacinia ipsum sit amet ultricies semper.
                    ⋮
                </p>
                <br><br>
                <div class="panel-group" id="accordion">
                    <div class="panel panel-default">
                        <div class="panel-heading">
                            <h4 class="panel-title">
                                <a data-toggle="collapse" data-parent="#accordion" href= "#collapse
One"> Service One</a>
                            </h4>
                        </div>
                        <div id="collapseOne" class="panel-collapse collapse in">
                            <div class="panel-body">
                                Anim pariatur cliche reprehenderit,
                                    ⋮
                            </div>
                        </div>
                    </div>
                    <div class="panel panel-default">
                        <div class="panel-heading">
                        <h4 class="panel-title">
                            <adata-toggle="collapse" data-parent="#accordion" href= "#collapseTwo">
                                Service Two
                            </a>
                        </h4>
                        </div>
                        <div id="collapseTwo" class="panel-collapse collapse">
                            <div class="panel-body">
                                Anim pariatur cliche reprehenderit,
                                    ⋮
                            </div>
                        </div>
                    </div>
                    <div class="panel panel-default">
                        <div class="panel-heading">
                        <h4 class="panel-title">
```

```
                          <a data-toggle="collapse" data-parent="#accordion" href= "#collapseThree">
                               Service Three
                     </a>
                </h4>
              </div>
              <div id="collapseThree" class="panel-collapse collapse">
                   <div class="panel-body">
                          Anim pariatur cliche reprehenderit,
                            ⋮
                  </div>
                 </div>
               </div>
             </div>
</div>
<div class="col-md-4">
    <div class="tab tab-primary">
        <ul id="myTab" class="nav nav-tabs" role="tablist">
          <li><a href="#home" role="tab" data-toggle="tab">Services</a></li>
          <li class="active"><a href="#profile" role="tab" data-toggle="tab">About</a></li>
          <li><a href="#profile" role="tab" data-toggle="tab">Support</a></li>
        </ul>
      <div id="myTabContent" class="tab-content">
      <div class="tab-pane fade in active" id="home">
            <p>Raw denim you probably haven't heard of them jean shorts
                    ⋮
          </p>
</div>
<div class="tab-pane fade" id="profile">
            <p>Food truck fixie locavore, accusamus mcsweeney's marfa nulla
                    ⋮
          </p>
</div>
<div class="tab-pane fade" id="dropdown1">
            <p>Etsy mixtape wayfarers,
                    ⋮
              </p>
</div>
<div class="tab-pane fade" id="dropdown2">
            <p>Trust fund seitan letterpress,
                    ⋮
                .</p>
</div>
</div>
</div>

<div class="block block-primary-head no-pad">
                <h3><i class="fa fa-pencil"></i> Quick Quote</h3>
                <div class="block-content">
                   <form role="form">
                   <div class="form-group">
                        <label>Name</label>
```

Note

```
                                        <input type="text" class="form-control" placeholder="Enter
name">
                                    </div>
                                    <div class="form-group">
                                        <label>Phone Number</label>
                                        <input type="text" class="form-control" placeholder="Enter
phone">
                                    </div>
                                    <div class="form-group">
                                        <label>Email address</label>
                                        <input type="email" class="form-control" placeholder="Enter
email">
                                    </div>
            <div class="form-group">
                                            <label>Message</label>
                                            <textarea class="form-control"></textarea>
                                    </div>
                                    <button type="submit" class="btn btn-primary">Submit</button>
                                    </form>
                            </div>
                        </div>
                </div>
            </div>
    </section>

    <section class="section-primary">
        <div class="container">
        <h2 class="page-header">What We Do</h2>
            <div class="row">
                <div class="col-md-4">
                    <div class="block block-icon">
                        <div class="icon">
                            <i class="fa fa-home fa-6"></i>
                        </div>
                        <div class="icon-content">
                            <h3>Lorem ipsum</h3>
                            <p>Lorem ipsum dolor sit amet, consectetur adipiscing elit.</p>
                        </div>
                    </div>
                </div>
                <div class="col-md-4">
                    <div class="block block-icon">
                        <div class="icon">
                            <i class="fa fa-home fa-6"></i>
                        </div>
                        <div class="icon-content">
                            <h3>Lorem ipsum</h3>
                            <p>Lorem ipsum dolor sit amet, consectetur adipiscing elit.</p>
                        </div>
                    </div>
                </div>
            </div>
```

```html
            <div class="col-md-4">
                <div class="block block-icon">
                    <div class="icon">
                        <i class="fa fa-home fa-6"></i>
                    </div>
                    <div class="icon-content">
                        <h3>Lorem ipsum</h3>
                        <p>Lorem ipsum dolor sit amet, consectetur adipiscing elit.</p>
                    </div>
                </div>
            </div>
        </div>
        <div class="row">
            <div class="col-md-4">
                <div class="block block-icon">
                    <div class="icon">
                        <i class="fa fa-home fa-6"></i>
                    </div>
                    <div class="icon-content">
                        <h3>Lorem ipsum</h3>
                        <p>Lorem ipsum dolor sit amet, consectetur adipiscing elit.</p>
                    </div>
                </div>
            </div>
            <div class="col-md-4">
                <div class="block block-icon">
                    <div class="icon">
                        <i class="fa fa-home fa-6"></i>
                    </div>
                    <div class="icon-content">
                        <h3>Lorem ipsum</h3>
                        <p>Lorem ipsum dolor sit amet, consectetur adipiscing elit.</p>
                    </div>
                </div>
            </div>
            <div class="col-md-4">
                <div class="block block-icon">
                    <div class="icon">
                        <i class="fa fa-home fa-6"></i>
                    </div>
                    <div class="icon-content">
                        <h3>Lorem ipsum</h3>
                        <p>Lorem ipsum dolor sit amet, consectetur adipiscing elit.</p>
                    </div>
                </div>
            </div>
        </div>
    </div>
</section>
```

执行代码，生成效果如图 9.22 所示。

图 9.22　services.html 主体内容区

9.4.2　添加 what we do 区块

在导航结束下删除 .showcase 区块，同时在搜索区块下添加一个 12 列的区块，代码如下：

```
<section class="section-primary">
    <div class="container">
<h2 class="page-header">What We Do</h2>
        <div class="row">
        <div class="col-md-4">
        <div class="block block-icon">
            <div class="icon">
            <i class="fa fa-home fa-6"></i>
                </div>
            <div class="icon-content">
                <h3>Lorem ipsum</h3>
<p>Lorem ipsum dolor sit amet, consectetur adipiscing elit.</p>
                </div>
                </div>
                </div>
        <div class="col-md-4">
        <div class="block block-icon">
            <div class="icon">
            <i class="fa fa-home fa-6"></i>
                </div>
            <div class="icon-content">
                <h3>Lorem ipsum</h3>
<p>Lorem ipsum dolor sit amet, consectetur adipiscing elit.</p>
                </div>
                </div>
                </div>
```

```
            <div class="col-md-4">
            <div class="block block-icon">
                    <div class="icon">
                <i class="fa fa-home fa-6"></i>
                    </div>
                <div class="icon-content">
                    <h3>Lorem ipsum</h3>
<p>Lorem ipsum dolor sit amet, consectetur adipiscing elit.</p>
                    </div>
                    </div>
                </div>
            </div>
        <div class="row">
        <div class="col-md-4">
        <div class="block block-icon">
                <div class="icon">
            <i class="fa fa-home fa-6"></i>
                </div>
            <div class="icon-content">
                <h3>Lorem ipsum</h3>
<p>Lorem ipsum dolor sit amet, consectetur adipiscing elit.</p>
                </div>
                </div>
                </div>
        <div class="col-md-4">
        <div class="block block-icon">
                <div class="icon">
            <i class="fa fa-home fa-6"></i>
                </div>
            <div class="icon-content">
                <h3>Lorem ipsum</h3>
<p>Lorem ipsum dolor sit amet, consectetur adipiscing elit.</p>
                </div>
                </div>
                </div>
        <div class="col-md-4">
        <div class="block block-icon">
                <div class="icon">
            <i class="fa fa-home fa-6"></i>
                </div>
                <div class="icon-content">
                <h3>Lorem ipsum</h3>
<p>Lorem ipsum dolor sit amet, consectetur adipiscing elit.</p>
                </div>
                </div>
            </div>
        </div>
    </div>
</section>
```

执行代码，生成效果如图 9.23 所示。

图 9.23　添加 what we do 内容区

9.4.3　添加 scss 样式

在 main.scss 中添加以下几行代码：

```
/* services.html */
/* Tabs */

.tab-pane{
padding:20px 10px;
    @include border-radius(5px);
margin-bottom:20px;
}

.tab-primary .tab-pane,.tab-primary .nav-tabs > li.active > a, .tab-primary .nav-tabs > li.active >
a:hover, .tab-primary .nav-tabs > li.active > a:focus{
background:$primary-color;
color:#fff;
}
.block-primary-head{
h3{
padding:15px 5px 15px 10px;
    @include add-background($primary-color);
margin:0;
font-size:18px
  }

  .block-content{
    @include add-border(1px, $primary-color, all);
padding:10px;
  }
}

.block-icon{
h3{
padding:0;
margin:0;
  }
```

```
    .icon{
float:left;
width:20%;
margin-top:10px;
    }

    .icon-content{
float:left;
width:70%;
    }
}
```

效果如图 9.24 所示。

图 9.24　services.html 页面效果图

9.5   设计 blog.html 页面

9.5.1   保留页面通用部分，修改主体页面区块

在导航结束下删除.showcase 区块，同时在搜索区块下添加一个 12 列的区块，代码如下：

```
<section class="section-main">
    <div class="container">
        <div class="row">
            <div class="col-md-8">
                <h2 class="page-header">Read Our Blog</h2>
                <div class="blog-post">
                    <h2 class="page-header">In lacinia ipsum sit amet</h2>
                    <img src="img/blog1.png" class="img-sm img-bordered blog-featured">
                    <p>In lacinia ipsum sit amet ultricies semper.
                    ……
                    </p>
                </div>
                <div class="post-meta">
                    <i class="fa fa-clock-o"></i> Aug 31, 2014
                    <i class="fa fa-user"></i> Brad Traversy
                    <i class="fa fa-folder"></i> Graphic Design, Web Development
                    <a class="pull-right" href="#">Read More</a>
                </div>

                <div class="blog-post">
                    <h2 class="page-header">In lacinia ipsum sit amet</h2>
                    <img src="img/blog1.png" class="img-sm img-bordered blog-featured">
                    <p>In lacinia ipsum sit amet ultricies semper. Nulla facilisi. Proin et nulla
                    ……
                    </p>
                </div>
                <div class="post-meta">
                    <i class="fa fa-clock-o"></i> Aug 31, 2014
                    <i class="fa fa-user"></i> Brad Traversy
                    <i class="fa fa-folder"></i> Graphic Design, Web Development
                    <a class="pull-right" href="#">Read More</a>
                </div>

                <div class="blog-post">
                    <h2 class="page-header">In lacinia ipsum sit amet</h2>
                    <img src="img/blog1.png" class="img-sm img-bordered blog-featured">
                    <p>In lacinia ipsum sit amet ultricies semper. Nulla facilisi. Proin et nulla
                    ……
                    </p>
                </div>
                <div class="post-meta">
                    <i class="fa fa-clock-o"></i> Aug 31, 2014
                    <i class="fa fa-user"></i> Brad Traversy
                    <i class="fa fa-folder"></i> Graphic Design, Web Development
                    <a class="pull-right" href="#">Read More</a>
                </div>
```

```
        </div>
    <div class="col-md-4">
        <h2 class="page-header">Lorem Ipsum</h2>
        <!-- Tab Widget -->
            <div class="tab tab-light">
            <ul class="nav nav-tabs" role="tablist">
            <li><a href="#services" role="tab" data-toggle="tab">Services</a></li>
            <li class="active"><a href="#about" role="tab" data-toggle="tab">About</a></li>
            <li><a href="#support" role="tab" data-toggle="tab">Support</a></li>
            </ul>

            <!-- Tab panes -->
            <div class="tab-content">
                <div class="tab-pane" id="services">
                <h3>Services</h3>
                <p>Condimentum mauris sed, bibendum lectus. Duis posuere turpis
                 ......
                  </p>
                </div>
                <div class="tab-pane active" id="about">
                    <h3>About Us</h3>
                <p>Donec non est gravida, condimentum mauris sed, bibendum
                  ......
                  </p>
                </div>
                <div class="tab-pane" id="support">
                    <h3>Customer Support</h3>
                <p>Interdum et malesuada fames ac ante ipsum primis in faucibus.
                    ......
                  </p>
                </div>
                </div>
            </div>
        <div class="block block-primary-head no-pad">
            <h3><i class="fa fa-play-circle"></i> Featured Video</h3>
            <div class="block-content">
                <iframe   width="208"   height="208"   src="http://www.youtube.com/embed/
rUeiZ6c6EBw" frameborder="0" allowfullscreen></iframe>
                </div>
            </div>
        <div class="block block-primary-head no-pad">
            <h3><i class="fa fa-comment"></i> Recent Comments</h3>
            <div class="block-content">
                <ul class="list-comments">
                    <li>
                        <img src="img/headshot1.jpg" class="pull-left img-circle">
                        <p>Duis posuere turpis augue. Curabitur mattis feugiat
                        ......
                        </p>
                    </li>
                    <div class="clearfix"></div>
                    <li>
                        <img src="img/headshot2.jpg" class="pull-left img-circle">
                        <p>Duis posuere turpis augue. Curabitur mattis feugiat
                        ......
```

```
                                        </p>
                                    </li>
                                    <div class="clearfix"></div>
                                    <li>
                                        <img src="img/headshot3.jpg" class="pull-left img-circle">
                                        <p>Duis posuere turpis augue. Curabitur mattis feugiat
                                        ……
                                        </p>
                                    </li>
                                    <div class="clearfix"></div>
                                    <li>
                                        <img src="img/headshot4.jpg" class="pull-left img-circle">
                                        <p>Duis posuere turpis augue. Curabitur mattis feugiat
                                        ……
                                        </p>
                                    </li>
                                    <div class="clearfix"></div>
                                </ul>
                            </div>
                        </div>
                    </div>
                </div>
</section>
```

删除不用的区块，完成 blog.html 页面的设计。生成效果如图 9.25 所示。

图 9.25　blog.html 页面

9.5.2 添加 blog.html 样式

在 main.scss 中添加如下代码:

```scss
/* services.html */
/* Tabs */

.tab-pane{
padding:20px 10px;
    @include border-radius(5px);
margin-bottom:20px;
}

.tab-primary .tab-pane,.tab-primary .nav-tabs > li.active > a, .tab-primary .nav-tabs > li.active >
a:hover, .tab-primary .nav-tabs > li.active > a:focus{
background:$primary-color;
color:#fff;
}
.block-primary-head{
h3{
padding:15px 5px 15px 10px;
        @include add-background($primary-color);
margin:0;
font-size:18px
    }

    .block-content{
        @include add-border(1px, $primary-color, all);
padding:10px;
    }
}

.block-icon{
h3{
padding:0;
margin:0;
    }

    .icon{
float:left;
width:20%;
margin-top:10px;
    }

    .icon-content{
float:left;
width:70%;
    }
}
```

Note

执行代码，生成效果如图 9.26 所示。

图 9.26　添加样式后的 blog.html 页面

9.6　设计 contact.html 页面

9.6.1　保留页面通用部分，添加公司地址

添加公司地址项，代码如下：

```
<section class="section-map">
    <iframe src="baidu_map.html" width="1600" height="400" frameborder="0" style="border:0"> </iframe>
  </section>
```

生成效果如图 9.27 所示。

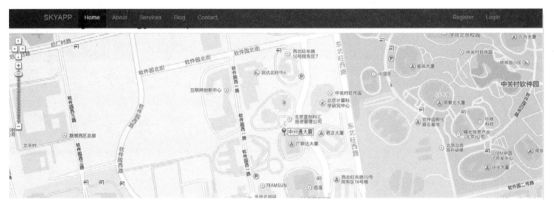

图 9.27　添加公司地址

9.6.2　添加用户表单

代码如下：

```
<section class="section-main">
    <div class="container">
        <div class="row">
            <div class="col-md-8">
                <h2 class="page-heading">Contact Us</h2>
                <form role="form">
                    <div class="form-group">
                        <label>Name</label>
                        <input type="text" class="form-control" placeholder="Enter name">
                    </div>
                    <div class="form-group">
                        <label>Phone Number</label>
                        <input type="text" class="form-control" placeholder="Enter phone">
                    </div>
                    <div class="form-group">
                        <label>Email address</label>
                        <input type="email" class="form-control" placeholder="Enter email">
                    </div>

                    <div class="form-group">
                        <label>Message</label>
                        <textarea class="form-control"></textarea>
                    </div>
                    <button type="submit" class="btn btn-primary">Submit</button>
                </form>
            </div>
            <div class="col-md-4">
                <div class="block block-primary-head no-pad">
                    <h3><i class="fa fa-home"></i> Our Location</h3>
```

```
                    <div class="block-content">
                        <ul class="list-location">
                            <li><h4>SKYAPP, inc</h4></li><hr>
                            <li>44 Main Street</li>
                            <li>Boston MA, 01922</li>
                            <li>Phone: 555-555-5555</li>
                            <li>Fax: 666-666-6666</li>
                        </ul>
                    </div>
                </div>
            </div>
        </div>
    </section>
```

执行代码，生成效果如图 9.28 所示。

图 9.28　Contact.html 完成效果

9.7　用媒体查询进行移动端优化设计

最后，添加一些移动端优化的代码：

```scss
@media(max-width:768px){
    .search{
        display:inline-block;
        text-align:center;
    }

    .device{
        display:block;
        margin:20px auto 0 auto;
    }

    .device-small{
        margin-bottom:20px !important;
    }

    .footer-main{
        ul{
            margin-bottom:20px;
            text-align:center;
        }

        h4{
            text-align:center;
        }
    }

}
```

至此，看一下最终的项目文件，完成了第一个响应式的 Web 前端的项目，可以准备进入下面的案例学习。

本 章 总 结

本章讲解了一个完整的企业官网的前端开发流程，并带领读者用 CSS 预处理语言 SASS 编译 SCSS 文件，理论与实战结合，读者可反复练习本章案例，直至知道每一个项目文件及交互效果如何实现，以及为什么会实现，为今后成为职业的 Web 前端开发工程师打下坚实的基础。

本 章 作 业

完成如图 9.29 所示案例。

图 9.29　在线课堂首页效果图

第 10 章

网站后台管理系统

本章简介

在第 9 章中展示了 Bootstrap 开发 Web 前端页面的强大功能。Bootstrap 有丰富的组件、插件和主题模板，非常适合做网站的后台管理系统界面。目前行业中很多网站项目的后台都是应用 Bootstrap 快速搭建的。本章将结合一个企业网站的后台管理系统页面，帮助读者在实际应用中快速搭建美观实用的后台系统界面。

本章工作任务

如何搭建后台管理系统。

本章技能目标

➤ 实践 Bootstrap 框架。
➤ 学习如何搭建后台管理系统。

预习作业

➤ 如何搭建网站后台管理系统？
➤ 网站后台系统主要包含哪几个主要页面？
➤ 为什么应用 Bootstrap 搭建网站后台系统？

10.1 项目开始

开发一个项目，首先需要确定需求。网站后台管理包含很多方面，如用户管理、内容管理、数据统计等，限于篇幅，这里选择具有典型性的内容管理作为示例。

网站后台界面设计相对于前端设计来说要更简约、易用性更强、细节设计更规范，设计后台界面之前一定要对产品功能有深入的理解才能让产品有更好的易用性与视觉体验。

内容管理页面，核心功能就是可以方便地查看文章内容，并可以对文章进行编辑/删除/置顶操作，此外，网站后台管理系统还有很多其他功能模块，还需要有清晰的链接结构，方便向其他模块跳转。

明确了需求以后，就可以开始进行页面布局的设计。本系统基本的设计思路如图 10.1 所示，这里为了更好地说明，使用了整页完成后的截图。

由图 10.1 可以看出，这个页面主要包括 3 个功能模块。

- ☑ 首部导航栏：包括后台首页、用户管理、内容管理、标签管理这 4 个主要模块的链接，以及管理员登录信息、退出等通用功能。
- ☑ 左侧边栏：内容管理分类下的功能导航，包括内容管理和添加内容的导航链接。
- ☑ 主功能部分：查看文章内容，并进行编辑/删除/置顶操作。

图 10.1 后台管理系统的完成图

10.2 页面布局

页面的制作一般是先有轮廓再到细节，因此页面布局是先引入类库再进行设计。

10.2.1 引入 Bootstrap 3 框架

既然使用 Bootstrap，就必须先引入。为了方便，这里使用 Bootstrap 中文网提供的 CDN 链接引入 Bootstrap 3，使用百度 CDN 引入 jQuery。一些需要自定义的 CSS 样式则放在 main.css 文件中。

引入后代码如下：

```
<!DOCTYPE html>
<html>
<head>
<title>网站后台管理系统</title>
<scriptsrc="http://libs.baidu.com/jquery/1.9.0/jquery.js"></script>
<scriptsrc="http://cdn.bootcss.com/twitter-bootstrap/3.0.2/js/bootstrap.js"></script>
<link href="http://cdn.bootcss.com/twitter-bootstrap/3.0.2/css/bootstrap.css" rel="stylesheet">
<link href="main.css" rel="stylesheet">
</head>
<body>
……
</body>
</html>
```

这里考虑到该系统可能在移动设备上使用，再加上 Bootstrap 3 默认采用响应式设计，因此需要在头部添加 viewport 的 meta 标签。此外，为了防止在某些没有指定编码的浏览器下出现乱码，需要添加 meta 标签来指定 charset=UTF-8。

添加后代码如下：

```
<!DOCTYPE html>
<html>
<head>
<meta http-equiv="content-type" content="text/html; charset=UTF-8" />
<meta name="viewport" content="width=device-width, initial-scale=1.0" />
<title>网站后台管理系统</title>
<scriptsrc="http://libs.baidu.com/jquery/1.9.0/jquery.js"></script>
<script src="http://cdn.bootcss.com/twitter-bootstrap/3.0.2/js/bootstrap.js"></script>
<link href="http://cdn.bootcss.com/twitter-bootstrap/3.0.2/css/bootstrap.css" rel="stylesheet">
<link href="main.css" rel="stylesheet">
</head>
<body>
    ……
</body>
</html>
```

10.2.2 编写布局代码

编写布局代码，页头采用 nav 标签，主内容则包裹在 Bootstrap 默认的 container 容器内部。在 container 内部，则分为左侧边栏和右侧的主功能部分，这里笔者采用的比例是 1:5，即 12 列栅格中，左侧占两列，右侧占 10 列。而在小屏幕设备下，则采用堆叠放置。

编写布局代码如下：

```
<!DOCTYPE html>
<html>
<head>
<meta http-equiv="content-type" content="text/html; charset=UTF-8" />
<meta name="viewport" content="width=device-width, initial-scale=1.0" />
<title>网站后台管理系统</title>
<script src="http://libs.baidu.com/jquery/1.9.0/jquery.js"></script>
<script src="http://cdn.bootcss.com/twitter-bootstrap/3.0.2/js/bootstrap.js"></script>
<link href="http://cdn.bootcss.com/twitter-bootstrap/3.0.2/css/bootstrap.css" rel="stylesheet">
<link href="main.css" rel="stylesheet">
</head>
<body>
<!--页头-->
<div class="header">
    <nav>
    </nav>
</div>
<div class="container">
    <div class="row">
      <!--左侧目录-->
        <div class="col-xs-12 col-sm-2 col-md-2 col-lg-2">
        …
        </div>
        <!--右侧主要内容-->
        <div class="col-xs-12 col-sm-10 col-md-10 col-lg-10">
            …
        </div>
    </div>
</div>
</body>
</html>
```

10.3　实现导航栏

在需求明确、设计和布局完成后，就可以进行细节的施工，首先需要实现页面的头部导航功能。

本例中的头部导航主要包括标题、主要功能模块的链接、搜索框、通知、登录信息 5 个部分，主要采用 Bootstrap 中内置的头部导航组件来实现。

10.3.1　构建导航的框架代码

根据之前介绍过的 Bootstrap 头部导航可以进行如下设置：

```
<nav class="navbar navbar-default " role="navigation">
  <div class="container">
    <div class="navbar-header">
```

```
        <!--这里设置标题-->
        </div>
        <div class="collapse navbar-collapse">
        <ul class="nav    navbar-nav">
        <!--这里设置导航链接-->
        </ul>
        <ul class="nav   navbar-nav   navbar-right">
        <!--这里设置搜索、通知、登录信息-->
        </ul>
        </div>
        </div>
    </div>
</nav>
```

10.3.2　填写标题和导航链接

标题的设置需要在<div class="navbar-header">…</div>内添加标题链接，要为该链接添加.navbar-brand 类。

导航链接只要在<ul class="nav navbar-nav">…</ul>内添加列表项即可，用.active 类表示当前所处的功能模块。

```
<nav class="navbar navbar-default ">
    <div class="container">
        <div class="navbar-header">
            <a href="#" class="navbar-brand">后台管理系统</a>
        </div>
        <div class="collapse navbar-collapse">
        <ul class="nav navbar-nav">
            <li><a href="#">后台首页</a></li>
            <li><a href="#">用户管理</a></li>
            <li class="active"><a href="#">内容管理</a></li>
        </ul>
        <ul class="nav    navbar-nav    navbar-right">
            <!--这里设置管理员信息、退出按钮-->
        </ul>
        </div>
    </div>
</nav>
```

现在的样式如图 10.2 所示。

| 后台管理系统　　后台首页　　用户管理　　内容管理 |

图 10.2　头部导航

10.3.3　添加管理员和退出系统按钮

对于用户管理，需要为其外层的 li 元素添加. dropdown 类，为了美观，这里没有显示用户管理功能选项，而将用户管理功能选项设为了隐藏，通过单击显示。

```
<nav class="navbar navbar-default">
    <div class="container">
        <div class="navbar-header">
            <a href="#" class="navbar-brand">后台管理系统</a>
        </div>
        <div class="collapse navbar-collapse">
            <ul class="nav navbar-nav">
                <li><a href="#">后台首页</a></li>
                <li><a href="#">用户管理</a></li>
                <li class="active"><a href="#">内容管理</a></li>
            </ul>
            <ul class="nav   navbar-nav   navbar-right">
                <li><a href="#">admin</a></li>
                <li><a href="#">退出</a></li>
            </ul>
        </div>
    </div>
</nav>
```

这一步完成后的导航样式如图 10.3 所示。

| 后台管理系统 | 后台首页 | 用户管理 | 内容管理 | admin | 退出 |

图 10.3 添加了右侧功能导航

10.3.4 添加管理员登录信息

如果管理员未登录，这里应当显示登录的链接（对于后台管理，一般是不开放注册的）；如果管理员已经登录，这里应当显示管理员的用户名，并提供下拉菜单，菜单项涉及查看前台页面及设置该管理员的相关操作选项，以及收藏选项等。

此处用到了 Bootstrap 内置的下拉菜单组件：

```
<nav class="navbar navbar-default ">
    <div class="container">
        <div class="navbar-header">
            <a href="#" class="navbar-brand">后台管理系统</a>
        </div>
        <div class="collapse navbar-collapse">
            <ul class="nav navbar-nav">
                <li><a href="#">后台首页</a></li>
                <li><a href="#">用户管理</a></li>
                <li class="active"><a href="#">内容管理</a></li>
            </ul>
            <ul class="nav navbar-nav navbar-right">
                <li class="dropdown">
                    <a id="dLabel" type="button" data-toggle="dropdown" aria-haspopup="true" aria-expanded="false">
                        admin
                        <span class="caret"></span>
```

```
            </a>
            <ul class="dropdown-menu" aria-labelledby="dLabel">
                <li><a href="#">前台首页</a></li>
                <li><a href="#">个人主页</a></li>
                <li><a href="#">个人设置</a></li>
                <li><a href="#">账户中心</a></li>
                <li><a href="#">我的收藏</a></li>
            </ul>
        </li>
        <li><a href="#">退出</a></li>
    </ul>
</div>
</div>
</nav>
```

这一步完成后，一个完整的论坛管理系统的头部导航的前端部分就基本完成了，如图 10.4 所示，表单提交后的处理、用户登录的判断则交由后台程序来处理。

图 10.4　完整的头部导航

10.3.5　为导航添加图标并设置响应式导航

为导航添加图标以构建更好的视觉效果，如果想让导航在小屏幕上实现展开和收起，还要进一步完成响应式的设计。

在<div class="navbar-header">...</div>内添加一个指定样式的按钮，用于控制列表的展开和收起，需要为该按钮添加 data-toggle="collapse"触发器和 data-taget 属性的值对应，如 id="set"，则 data-target="#set"。

注意：按钮的样式可以自己控制，但是 data-toggle="collapse"这个触发器和 data-target 属性都是必需的。

完整的代码如下：

```
<nav class="navbar navbar-default">
  <div class="container">
    <div class="navbar-header">
      <button class="navbar-toggle" data-toggle="collapse" data-target=".navbar-collapse">
                <span class="sr-only">Toggle navigation</span>
                <span class="icon-bar"></span>
                <span class="icon-bar"></span>
                <span class="icon-bar"></span>
      </button>
```

```
            <a href="#" class="navbar-brand">后台管理系统</a>
        </div>
        <div class="collapse navbar-collapse">
            <ul class="nav navbar-nav">
                <li><a href="#"><span class="glyphicon glyphicon-home"></span>后台首页</a></li>
                <li><a href="#"><span class="glyphicon glyphicon-user"></span>用户管理</a></li>
                <li class="active"><a href="#"><span class="glyphicon glyphicon-list-alt"></span>内容管理</a>
</li>
            </ul>
            <ul class="nav navbar-nav navbar-right">
                <li class="dropdown">
                    <a id="dLabel" type="button" data-toggle="dropdown" aria-haspopup="true" aria-expanded=
"false">
                                         admin
                        <span class="caret"></span>
                    </a>
                    <ul class="dropdown-menu" aria-labelledby="dLabel">
                        <li><a href="#"><span class="glyphicon glyphicon-screenshot"></span>前台首页</a></li>
                        <li><a href="#"><span class="glyphicon glyphicon-user"></span>个人主页</a></li>
                        <li><a href="#"><span class="glyphicon glyphicon-cog"></span>个人设置</a></li>
                        <li><a href="#"><span class="glyphicon glyphicon-credit-card"></span>账户中心</a></li>
                        <li><a href="#"><span class="glyphicon glyphicon-heart"></span>我的收藏</a></li>
                    </ul>
                </li>
                <li><a href="#"><span class="glyphicon glyphicon-off"></span>退出</a></li>
            </ul>
        </div>
    </div>
</nav>
```

最后实现的效果如图 10.5 和图 10.6 所示。

图 10.5　导航未展开时的样式

图 10.6　导航展开后的样式

这样，一个功能完整并附带响应式的头部导航就完成了。

10.4　实现左侧边栏

导航完成后，根据从上到下、从左到右的顺序开始实现左侧边栏的功能，左侧边栏主要是一个大的功能模块列表，本质上就是一组链接，这里可以选择 Bootstrap 的胶囊导航，也可以选择列表组。

笔者选择使用列表组进行实现，代码如下：

```
<div class="container">
    <div class="row">
    <!--这里设置标题-->
    <!--左侧目录-->
        <div class="col-xs-12 col-sm-2 col-md-2 col-lg-2">
            <div class="list-group">
                <a href="#" class="list-group-item active">内容管理</a>
                <a href="#" class="list-group-item">添加内容</a>
            </div>
        </div>
        <!--右侧主要内容-->
        ……
    </div>
    </div>
</div>
```

完成后的效果如图 10.7 所示。

图 10.7　左侧边栏部分

10.5　实现主功能部分

完成了头部导航和左侧边栏的工作之后，就该进行主功能展示部分的开发了。一般来说，一个后台管理系统包括审核、管理、日志等多个模块，这里限于篇幅无法一一讲到，笔者以主帖审核功能页面作为样例展开讲解。

10.5.1　主功能的头部

按从上到下的原则，本小节先来制作主功能的头部。

（1）为了让页面区域的划分更为清晰，笔者将主功能部分包裹在一个面板中。基本代码如下：

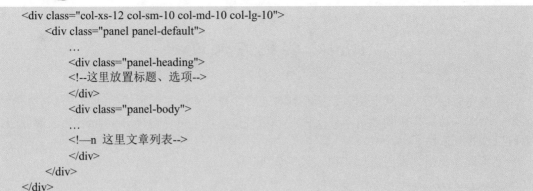

```
<div class="col-xs-12 col-sm-10 col-md-10 col-lg-10">
    <div class="panel panel-default">
        …
        <div class="panel-heading">
        <!--这里放置标题、选项-->
        </div>
        <div class="panel-body">
        …
        <!—n 这里文章列表-->
        </div>
    </div>
</div>
```

根据功能划分，笔者将标题、选项、分页等内容放在面板的头部，将帖子列表放在面板的内容部分。

（2）向面板头部填充预定内容。

```
<div class="col-xs-12 col-sm-10 col-md-10 col-lg-10">
        <div class="panel panel-default">
            <div class="panel-heading">
                <h1>内容管理</h1>
                <ul class="nav nav-tabs">
                    <li class="active">
                        <a href="#">内容管理</a>
                    </li>
                    <li>
                        <a href="#">添加内容</a>
                    </li>
                </ul>
            </div>
            <div class="panel-body">
                <!—n 这里文章列表-->
            </div>
        </div>
</div>
```

首先是一个标题，表明该页的主要功能是"内容管理"。

对于内容管理页面，有添加、编辑、删除 3 个选项，添加文章是内容管理最常用的一项，因而将"添加内容"选项设置为一个独立页面。

效果如图 10.8 所示。

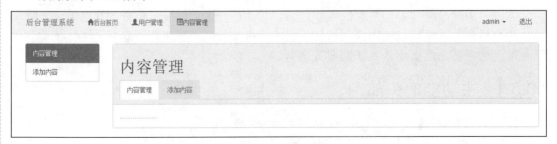

图 10.8　添加面板头部的效果

10.5.2　内容管理的文章列表

头部完成后，开始制作帖子列表部分，列表每一行需要显示文章的主题、发帖时间、作者、详情等信息，显然这里使用表格是最合适的选择。

根据这些需求，在面板内容部分加入如下代码：

```html
<div class="panel-body">
    <table class="table">
        <thead>
            <tr>
                <th>文章标题</th>
                <th>作者</th>
                <th>发布时间</th>
                <th>操作</th>
            </tr>
        </thead>
        <tbody>

            <tr>
                <th scope="row">国内首个汽车资讯互动平台诞生</th>
                <td>李晓乐</td>
                <td>2017/01/20</td>
                <td>
                    <div role="presentation" class="dropdown">
                        <button class="btn btn-default dropdown-toggle" data-toggle="dropdown"
href="#" role="button" aria-haspopup="true" aria-expanded="false">
                            操作<span class="caret"></span>
                        </button>
                        <ul class="dropdown-menu">
                            <li><a href="#">编辑</a></li>
                            <li><a href="#">删除</a></li>
                            <li><a href="#">全局置顶</a></li>
                        </ul>
                    </div>
                </td>
            </tr>
            <tr>
                <th scope="row">爱奇艺 10 亿元资金成立创投联盟</th>
                <td>李晓乐</td>
                <td>2017/01/20</td>
                <td>
                    <div role="presentation" class="dropdown">
                        <button class="btn btn-default dropdown-toggle" data-toggle="dropdown"
href="#" role="button" aria-haspopup="true" aria-expanded="false">
                            操作<span class="caret"></span>
                        </button>
                        <ul class="dropdown-menu">
```

```
                    <li><a href="#">编辑</a></li>
                    <li><a href="#">删除</a></li>
                    <li><a href="#">全局置顶</a></li>
                </ul>
            </div>
        </td>
    </tr>
...
            </tbody>
        </table>
    </div>
```

这样文章列表部分就完成了，如图 10.9 所示。

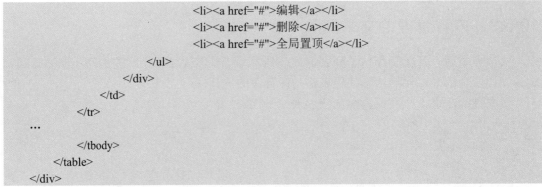

图 10.9　文章列表页面

这里还有一个问题是如果有很多文章，让文章列表全部显示在一个页面上显然不合适，这里需要用到 Bootstrap 的分页插件。在<table>标签之下添加如下代码：

```
<nav class="pull-right">
    <ul class="pagination">
        <li class="disabled">
        <a href="#" aria-label="Previous">
        <span aria-hidden="true">&laquo;</span>
        </a>
        </li>
        <li class="active">
        <a href="#">1</a>
        </li>
        <li><a href="#">2 </a></li>
        <li><a href="#">3 </a></li>
```

```
        <li><a href="#">4 </a></li>
        <li><a href="#">5 </a></li>
        <li><a href="#">6 </a></li>
        <li><a href="#"><span aria-hidden="true">&raquo;</span></a></li>
    </ul>
</nav>
```

效果如图 10.10 所示。

图 10.10　添加分页的文章列表页面

最后添加页面底部，代码如下：

```
<footer>
    <div class="container">
        <div class="row">
            <div class="col-md-12">
                <p>Copyright 2016-2017 www.newsmile.com  京 ICP 备 11427030 号-9 </p>
            </div>
        </div>
    </div>
</footer>
```

在 main.css 添加自定义的样式，完成效果如图 10.11（a）所示。

至此，一个网站后台的文章列表页面部分就完成了。

虽然对于后台管理这样的工作来说，一般都是在 PC 上完成，但仍然可以做一些响应式处理，在小屏幕下的效果如图 10.11（b）所示。这样做一方面应用框架本身的特性，另一方面也方便后台管理人员处理突发的情况。

（a）普通页面效果

（b）小屏幕下的显示效果

图 10.11　后台页面完成的效果图

本 章 总 结

本章演示了如何从零开始应用 Bootstrap 3 框架完成论坛后台管理页面构建的过程，包括头部导航、侧边栏、主体内容 3 大部分，应用到了 Bootstrap 中的按钮、标签、表格、表单等基础样式，列表组、面板、头部导航、分页、徽章等样式组件，以及头部响应式导航、折叠、下拉菜单等 jQuery 组件。

读者从该样例中可以发现，相比传统的手工编写 CSS、JavaScript 代码的项目，这个例子笔者没有自己编写一行 CSS 和 JavaScript 代码，完全应用 Bootstrap 就搭建了一个相当美观的后台管理界面。对于像后台管理这类功能性强，个性化要求不高的项目来说，此做法非常合适，可以把更多精力放在业务逻辑而非细节调整上。

当然由于有大量的主题模板（业内称皮肤）支持，再加上可以较方便地定制，即使做一些需要个性化的页面，Bootstrap 也可以胜任，只是需要做更多的工作罢了。

本 章 作 业

完成如图 10.12 和图 10.13 所示的后台页面。

图 10.12　企业网站后台页面 1

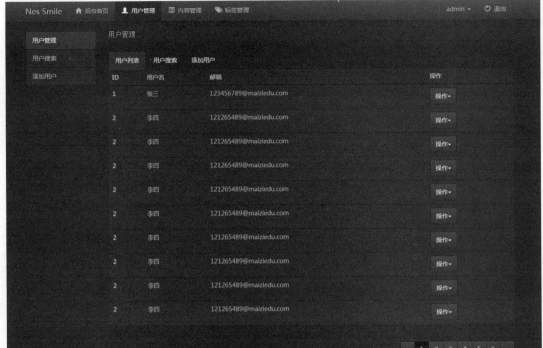

图 10.13　企业网站后台页面 2

使用 Bootstrap 实现电商网站

本章简介

本章主要进行电子商务网站的开发，除了要将当前已掌握的 Bootstrap 项目知识更进一步应用于本章项目中，读者还要熟悉电子商务网站的开发流程。

在本项目开始之后，将逐步增加难度，以便读者能够理解并掌握。在开发中，首先会开发 ecommerece.html 页面，然后创建 category.html、buy.html、product.html 几个页面，最后实现一个响应式的电商网站。

本章工作任务

使用 Bootstrap 快速开发在线电子商务网站。

本章技能目标

➢ 实践 Bootstrap 框架。
➢ 掌握电子商务网站开发流程。

预习作业

➢ 如何搭建电商网站？
➢ 电商网站主要包含哪几个主要页面？
➢ 为什么应用 Bootstrap 搭建电商网站？

11.1 设计电商首页 index.html

创建 4 个 HTML 页面，分别命名为 index.html、buy.html、category.html 和 product.html，分别代表电商网站首页、产品目录、购买页及商品详情页。首先实现 index.html 页面。完成效果如图 11.1 所示。

图 11.1 电商首页完成效果图

11.1.1 搭建 Bootstrap 框架

现在开始第一步，在 index.html 文件中编写以下代码。

```
<!DOCTYPE html>
<html>
<head>
    <meta charset="utf-8">
    <meta name="viewport" content="width=device-width, initial-scale=1">
```

```
    <title>Bootstrap Store</title>
    <!-- 引入 Bootstrap CSS -->
    <link href="css/bootstrap.css" rel="stylesheet">
    <!-- 自定义 CSS -->
    <link href="style.css" rel="stylesheet">
    <!-- 使 IE8 支持 h5 标签和媒体查询 -->
      <!--[if lt IE 9]>
    <script src="https://oss.maxcdn.com/libs/html5shiv/3.7.0/html5shiv.js"></script>
    <script src="https://oss.maxcdn.com/libs/respond.js/1.4.2/respond.min.js"></script>
    <![endif]-->
</head>
<body>
<!-- jQuery Version 1.11.0 -->
<script src="js/jquery-1.11.1.js"></script>
<!-- 引入 Bootstrap js 插件 -->
<script src="js/bootstrap.js"></script>
</body>
</html>
```

在此，将 respond.min.js、jQuery 文件、HTML shiv 和 Bootstrap 框架一起引入到当前文件中。

注意：一些 CSS3 特性和 HTML5 元素并不能被 IE8 以下的浏览器识别。因此，IE8 需要用 html5shiv 来正确显示这些元素并且响应 js 及可以进行媒体查询。

11.1.2　为商城创建导航菜单

与第 10.3 节创建导航类似，需要在<body>标签中定义导航。用类名为.navbar-inverse 的样式，做出黑色背景白色文字的导航，如图 11.2 所示。

Bootstrap 商城

图 11.2　导航

源代码如下：

```
<!-- Navigation -->
<nav class="navbar-inverse" role="navigation">
  <div class="container-fluid">
  <!-- Brand and toggle get grouped for better mobile display -->
  <div class="navbar-header">
  <button type="button" class="navbar-toggle collapsed" data-
  toggle="collapse" data-target="#bs-example-navbar-collapse-1">
  <span class="sr-only">Toggle navigation</span>
  <span class="icon-bar"></span>
  <span class="icon-bar"></span>
  <span class="icon-bar"></span>
  </button>
  <a class="navbar-brand" href="ecommerce.html">Bootstrap Store</a>
  </div>
  <!--导航链接及内容切换-->
```

```
<div class="collapse navbar-collapse" id="bs-example-navbar-collapse-1"></div>
<!-- /.navbar-collapse -->
</div><!-- /.container-fluid -->
</nav>
```

11.1.3 向导航添加目录和导航链接

定义 Categories 链接向其他页面的导航链接。在注释<!--导航链接及内容切换-->下面的<div class="collapse navbar-collapse" id="bs-example-navbar-collapse-1">...</div>之间，创建一个样式为 Categories 的商品类目录，然后为这个.Categories 链接添加下拉菜单，这样可以添加各种产品分类，如产品、电器、鞋。

参见下面的代码并仔细分析理解：

```
<div class="collapse navbar-collapse" id="bs-example-navbar-collapse-1">
  <ul class="nav navbar-nav">
    <li class="dropdown">
      <a href="#"  class="active dropdown-toggle" data-toggle="dropdown">
          所有商品分类
        <span class="caret"></span>
      </a>
      <ul class="dropdown-menu" role="menu">
        <li><a href="category.html">服装   &amp; 饰品</a></li>
        <li><a href="category.html">母婴用品</a></li>
        <li><a href="category.html">美容   &amp; 保健</a></li>
        <li><a href="category.html">电子产品</a></li>
        <li><a href="category.html">家具</a></li>
        <li><a href="category.html">家居   &amp; 园艺</a></li>
        <li><a href="category.html">箱包</a></li>
        <li><a href="category.html">鞋</a></li>
        <li><a href="category.html">体育   &amp; 娱乐</a></li>
        <li><a href="category.html">手表</a></li>
        <li class="divider"></li>
        <li><a href="ecommerce.html">所有商品分类</a></li>
      </ul>
    </li>
    <li><a href="#">Link</a></li>
    <li><a href="#">Link</a></li>
  </ul>
</div><!-- /.navbar-collapse -->
```

这样便定义了 Categories 菜单和下拉菜单，生成效果如图 11.3 所示。

接下来，添加注册链接、用户中心链接和购物车图标，在导航条的右侧调用 Glyphicons 主题，注意代码需要添加在</div><!-- /.navbar-collapse>元素结束之前。

```
<ul class="nav navbar-nav navbar-right">
  <li>
    <a href="#">
      <span class="badge pull-right">4</span>
      <i class="glyphicon glyphicon-shopping-cart"></i>
    </a>
```

```
        </li>
        <li>
            <a href="account.html">
                <i class="glyphicon glyphicon-user"></i>
            </a>
        </li>
        <li>
            <a href="#" data-toggle="modal" data-target="#myModal">登录</a>
        </li>
    </ul>
```

生成的效果如图 11.4 所示。

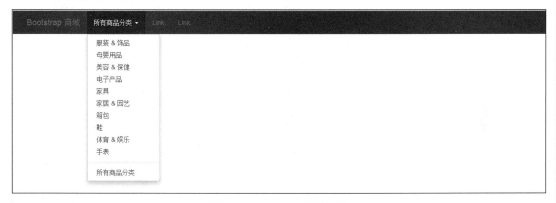

图 11.3　带下拉菜单的导航

图 11.4　添加登录及购物车的导航

对于登录部分，将创建一个显示单击登录的链接模块。下面的代码需要添加在</nav>标签结束后。

```
<!-- Modal -->
<div class="modal fade" id="myModal" tabindex="-1" role="dialog" aria-labelledby="myModalLabel"
aria-hidden="true">
    <div class="modal-dialog">
        <div class="modal-content">
            <div class="modal-header">
                <button type="button" class="close" data-dismiss="modal">
                    <span aria-hidden="true">&times;</span>
                    <span class="sr-only">关闭</span>
                </button>
                <h2 class="modal-title" id="myModalLabel">登录</h2>
            </div>
            <div class="modal-body">
                <form class="form-signin" role="form">
                    <h3 class="form-signin-heading">电子邮箱登录</h3>
                    <div class="form-group">
                        <input type="email" class="form-control" placeholder="电子
                            邮箱" required autofocus>
```

```
        </div>
        <div class="form-group">
            <input type="password" class="form-control" placeholder="密码" required>
        </div>
        <div class="checkbox">
            <label>
                <input type="checkbox" value="remember-me"> 记住用户名
            </label>
        </div>
        <button class="btn btn-lg btn-primary btn-block" type="submit">登录</button><br>
    </form>
        </div>
    </div>
    </div>
</div>
```

生成效果如图 11.5 所示。

图 11.5　弹出登录注册模块

从前面的代码及输出结果看，已经通过代码实现了弹出的交互表单。

11.1.4　为页面添加 Banner

接下来为页面添加 Banner 代码块到注释<!—主体页面-->处，为使代码更易读，定义整段代码以.container 样式，并为它定义 id 名为 content。把下面的代码添加在 div 中。

```
<div id="content" class="container">
    <div class="row carousel-holder">
        <div class="col-md-12">
            <div id="carousel-example-generic" class="carousel slide"
                data-ride="carousel">
                <ol class="carousel-indicators">
                    <li data-target="#carousel-example-generic" data-slide-
                        to="0" class="active"></li>
                    <li data-target="#carousel-example-generic" data-slide-
                        to="1"></li>
```

```
            <li data-target="#carousel-example-generic" data-slide-
                to="2"></li>
        </ol>
        <div class="carousel-inner">
            <div class="item active">
                <img class="slide-image" src="holder.js/1140x350" alt="" />
            </div>
            <div class="item">
                <img class="slide-image" src="hholder.js/1140x350" alt="" />
            </div>
            <div class="item">
                <img class="slide-image" src="holder.js//1140x350" alt="" />
            </div>
        </div>
        <a class="left carousel-control" href="#carousel-example-
            generic" data-slide="prev">
            <span class="glyphicon glyphicon-chevron-left"></span>
        </a>
        <a class="right carousel-control" href="#carousel-example-
            generic" data-slide="next">
            <span class="glyphicon glyphicon-chevron-right"></span>
        </a>
    </div>
    </div>
</div><!-- /.container-->
```

输出的代码效果如图 11.6 所示。

图 11.6　添加 Banner 幻灯片的网页

11.1.5　添加产品目录

在 Banner 下添加产品目录，使用下面的代码片段，效果如图 11.7 所示。

```
<hr />
<div class="row">
<div class="col-sm-4 col-md-3">
<h3>Categories</h3>
```

```
<div class="list-group">
    <a href="category.html" class="list-group-item">Apparel & Accessories</a>
    <a href="category.html" class="list-group-item">Baby Products</a>
    <a href="category.html" class="list-group-item">Beauty & Health</a>
    <a href="category.html" class="list-group-item">Electronics</a>
    <a href="category.html" class="list-group-item">Furniture</a>
    <a href="category.html" class="list-group-item">Home & Garden</a>
    <a href="category.html" class="list-group-item">Luggage & Bags</a>
    <a href="category.html" class="list-group-item">Shoes</a>
    <a href="category.html" class="list-group-item">Sports & Entertainment</a>
    <a href="category.html" class="list-group-item">Watches</a>
</div>
</div>
```

图 11.7　添加侧边栏的效果

至此，页面雏形已出来，之后添加网站 footer 的代码。

11.1.6　为网站添加底部 Footer

定义网站 footer 的\<div\>元素为.container 样式。代码如下：

```
<div class="container">
    <hr />
    <!-- Footer -->
    <footer>
        <div class="row">
        <div class="col-lg-12">
```

```
            <p>Copyright &copy; <a href="index.html">新迈尔科技 </a> 2017</p>
        </div>
      </div>
    </footer>
</div>
```

生成效果如图 11.8 所示。

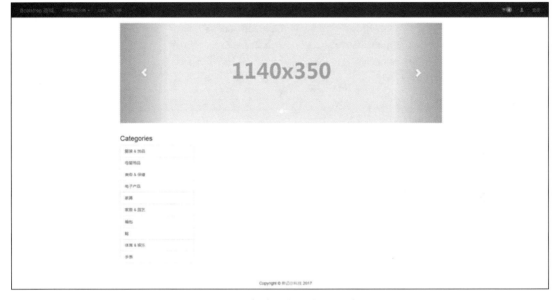

图 11.8　添加底部版权的页面效果

11.1.7　添加产品列表及产品介绍

产品目录的<div>标签样式名为 col-sm-4 col-md-3，表示在小屏幕上，它距离左边有 4 列宽度；在 PC 屏幕上，它距离左边有 3 列宽度。既然有 12 列网格，剩余的部分将被用来显示产品列表。

因此，在列表定义之后，添加下面的代码：

```
<div class="col-sm-8 col-md-9">
    <div class="row"></div>
</div>
```

在代码.row 样式中间插入下面的代码：

```
<div class="col-sm-6 col-md-4">
    <div class="thumbnail">
        <img src="holder.js/260x180" alt="">
        <div class="add-to-cart">
            <a href="#" class="glyphicon glyphicon-plus-sign"
            data-toggle="tooltip" data-placement="top" title="Add to cart"></a>
        </div>
        <div class="caption">
            <h4 class="pull-right">$24.99</h4>
```

```
        <h4><a href="product.html">1<sup>st</sup> 商品</a></h4>
        <p>苏泊尔（SUPOR)电压力锅高压锅 CYSB50FCW20QJ-100，年终爆款秒杀价，数量
有限</p>
        <div class="ratings">
            <p class="pull-right"><a href="product.html#comments">15 评论</a></p>
            <p>
                <span class="glyphicon glyphicon-star"></span>
                <span class="glyphicon glyphicon-star"></span>
                <span class="glyphicon glyphicon-star"></span>
                <span class="glyphicon glyphicon-star"></span>
                <span class="glyphicon glyphicon-star"></span>
            </p>
        </div>
    </div>
  </div>
</div>
```

生成效果如图 11.9 所示。

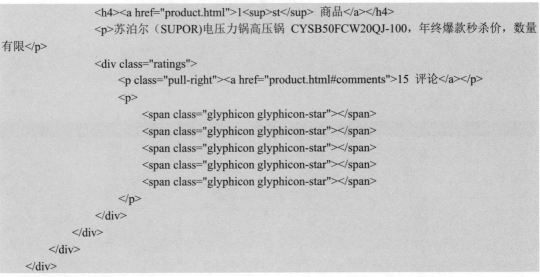
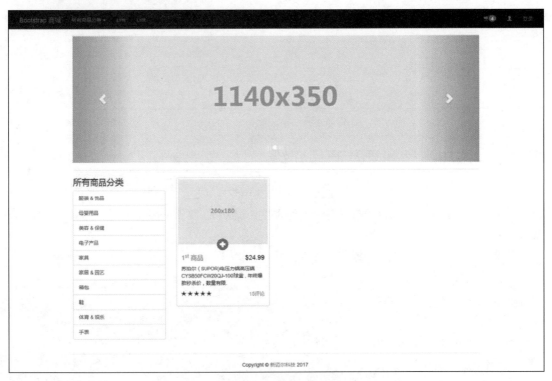

图 11.9　添加产品项

复制这段代码，粘贴 2 次，生成效果如图 11.10 所示。

再把外层的.row 元素的<div>标签复制一次，可以得到如图 11.11 所示的效果。

至此，成功构建了带有链接、左侧产品目录、右侧的产品列表和底部的主体页面，通过定义幻灯片模块展示产品首页，制作了登录注册弹出模块。

接下来要创建的页面包括 buy.html、category.html 和 product.html。

图 11.10 添加一行的产品列表

图 11.11 商城首面最后效果

11.2 设计购买页面 buy.html

购买页面的开始保留首页的头部和底部，所以一开始如图 11.12 所示。

图 11.12 初始页面

与首页 index.html 页面类似，定义一个页面内容。在 modal 模块后 footer 模块前插入.container 的<div>元素，现在代码如下：

```
<!—主体页面 -->
<div id="content" class="container">
</div><!--.container -->
```

创建.row 样式的<div>标签，在中间插入购买页菜单。创建管理购买区并用 3 列宽度来设置其显示区域。然后，定义系列列表并且设置不同的选项、命名，列表项包括：所有订单、管理反馈、我的优惠券、收货地址。代码如下：

```
<div class="row">
  <div class="col-md-3">
    <h3 class="">管理订单</h3>
    <div class="list-group">
      <a href="account.html" class="list-group-item">所有订单</a>
      <a href="account.html" class="list-group-item">管理反馈</a>
      <a href="account.html" class="list-group-item">我的优惠券</a>
      <a href="account.html" class="list-group-item">我的收货地址</a>
    </div>
  </div>
</div>
```

生成的效果如图 11.13 所示。

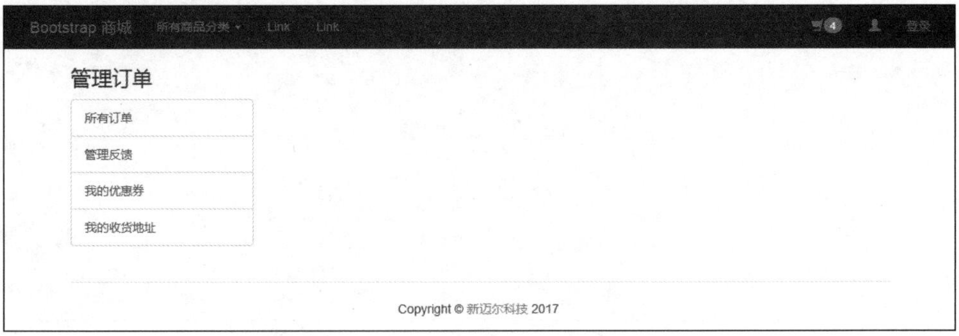

图 11.13 增加左侧菜单项的购买单页面

定义一个.thumbnail 样式的<div>标签，在中间插入另一个.row 样式名的<div>标签。之后，添加产品名、订单数量、价格、订购按钮及最新的产品评论。

产品代码如下：

```html
<div class="col-md-9">
        <h3>Orders Status</h3>
        <div class="thumbnail">
            <div class="row">
                <div class="col-sm-1">
                    <img class="img-responsive" src="holder.js/35x30" alt="" />
                </div>
                <div class="col-sm-4">
                    <a href="product.html">产品名称</a>
                </div>
                <div class="col-sm-1">1</div>
                <div class="col-sm-2">$49.99</div>
                <div class="col-sm-2">
                    <button class="btn btn-sm btn-default">跟踪订单</button>
                </div>
                <div class="col-sm-2"><a href="#">1 信息</a></div>
            </div>
        </div>
    </div>
```

生成效果如图 11.14 所示。

图 11.14　添加产品数量后的效果

当前有一个单行的产品订单选项，复制这行代码 5 次。通过修改不同的数量、价格和最新的评论数作为区别。代码如下：

```html
<div class="thumbnail">
    <div class="row">
        <div class="col-sm-1">
            <img class="img-responsive" src=" holder.js/35x30" alt="" />
        </div>
        <div class="col-sm-4"><a href="product.html">产品名称</a></div>
        <div class="col-sm-1">1</div>
        <div class="col-sm-2">$39.99</div>
```

```
        <div class="col-sm-2">
            <button class="btn btn-sm btn-danger">取消订单</button>
        </div>
        <div class="col-sm-2"><a href="#">0 Messages</a></div>
    </div>
</div>
<div class="thumbnail">
    <div class="row">
        <div class="col-sm-1">
            <img class="img-responsive" src=" holder.js/35x30" alt="" />
        </div>
        <div class="col-sm-4"><a href="product.html">产品名称</a></div>
        <div class="col-sm-1">1</div>
        <div class="col-sm-2">$49.99</div>
        <div class="col-sm-2">
            <button class="btn btn-sm btn-default">跟踪订单</button>
        </div>
        <div class="col-sm-2"><a href="#">1 Message</a></div>
    </div>
</div>
<div class="thumbnail">
    <div class="row">
        <div class="col-sm-1">
            <img class="img-responsive" src=" holder.js/35x30" alt="" />
        </div>
        <div class="col-sm-4"><a href="product.html">产品名称</a></div>
        <div class="col-sm-1">1</div>
        <div class="col-sm-2">$19.99</div>
        <div class="col-sm-2">
            <button class="btn btn-sm btn-success">完成订单</button>
        </div>
        <div class="col-sm-2"><a href="#">1 Message</a></div>
    </div>
</div>
<div class="thumbnail">
    <div class="row">
        <div class="col-sm-1">
            <img class="img-responsive" src=" holder.js/35x30" alt="" />
        </div>
        <div class="col-sm-4"><a href="product.html">Product Name</a></div>
        <div class="col-sm-1">1</div>
        <div class="col-sm-2">$49.99</div>
        <div class="col-sm-2">
            <button class="btn btn-sm btn-default">跟踪订单</button>
        </div>
        <div class="col-sm-2"><a href="#">1 Message</a></div>
    </div>
</div>
```

执行代码，最终的效果如图 11.15 所示。

图 11.15　添加订单数量列表

最后添加翻页标签，用.pagination 样式以便网站用户可以切换到下一页或固定页面。
代码如下：

```
<div class="col-sm-12 center">
    <ul class="pagination">
        <li class="disabled"><a href="#">&laquo;</a></li>
        <li class="active"><a href="#">1</a></li>
        <li><a href="#">2</a></li>
        <li><a href="#">3</a></li>
        <li><a href="#">4</a></li>
        <li><a href="#">5</a></li>
        <li><a href="#">&raquo;</a></li>
    </ul>
</div>
```

执行代码，生成效果如图 11.16 所示。

图 11.16　订单页面完成效果

11.3　设计列表页 category.html

与 buy.html 页面一样，category.html 页面也从最初的头部与底部版权块开始，如图 11.17 所示。

图 11.17　category.html 初始页面

产品列表页与 index 类似，只是没有 Banner 切换，把一样的代码复制过来，并且添加页面标签，效果如图 11.18 所示。

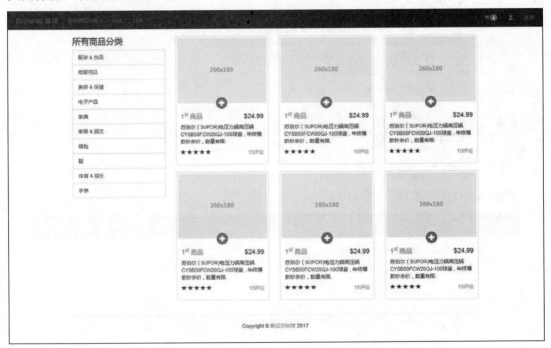

图 11.18　category.html 页面完成效果

11.4　设计产品详情页 product.html

与 category.html 页面类似，在左侧创建目录菜单，效果如图 11.19 所示。

图 11.19　产品页面初始效果

　　假如想在这个页面添加特殊产品，在开始时就要为产品定义一定的宽度。在这个案例中，定义.col-md-9 样式作为放置产品的区域，意味着产品详情在页面的右侧。然后定义产品缩略图样式.thumbnail，下一步，放入 4 个不同图片用同样的.thumbnail 样式。代码如下：

```
<div class="col-md-9">
    <div class="thumbnail">
        <div class="row">
            <div class="col-sm-6">
                <img class="img-responsive" src="holder.js/500x300"" alt="" />
            <div class="thumbnails row">
            <div class="col-xs-3">
                <a href="#">
                <img src="holder.js/100x80"" alt="" class="img-thumbnail img-responsive" /></a>
            </div>
            <div class="col-xs-3">
                <a href="#">
                <img src="holder.js/100x80"" alt="" class="img-thumbnail img-responsive" /></a>
            </div>
            <div class="col-xs-3">
                <a href="#">
                <img src="holder.js/100x80"" alt="" class="img-thumbnail img-responsive" /></a>
            </div>
            <div class="col-xs-3">
                <a href="#">
                <img src="holder.js/100x80"" alt="" class="img-thumbnail img-responsive" /></a>
            </div>
            </div>
        </div>
</div><!--/col-md-9-->
```

　　执行代码，生成效果如图 11.20 所示。

　　在右侧添加产品简短的描述。代码中，已经定义了.col-sm-6 样式来确定其所占的空间。添加代码在<!--/.col-md-9-->结束之前。

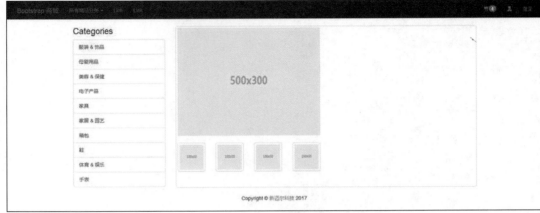

图 11.20 产品缩略图

代码如下：

```
<div class="col-sm-6">
    <h4 class="pull-right">$24.99</h4>
    <h4><a href="product.html">产品名称</a></h4>
        <p>苏泊尔（SUPOR）电压力锅高压锅 CYSB50FCW20QJ-100 球釜… </p>
</div>
```

执行代码，生成效果如图 11.21 所示。

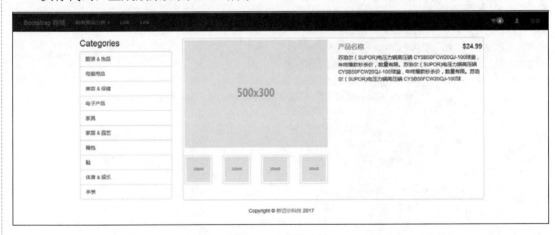

图 11.21 产品价格

写一个表单代码，以方便用户选择订购产品颜色、产品数量和尺寸，当然别忘了添加"联系卖家"和"添加到购物车"按钮，在<p>标签之后，样式名为.col-sm-6<div>标签结束之前。

代码如下：

```
<form role="form">
    <div class="number form-group">
        <label class="control-label" for="number">Number</label>
        <input type="number" class="form-control input-sm" id="number" />
    </div>
    <div class="form-group">
```

```
            <label>Color</label>
            <select id="color">
                <option name="color">Blue</option>
                <option name="color">Green</option>
                <option name="color">Red</option>
                <option name="color">Yellow</option>
            </select>
        </div>
        <div class="form-group">
            <label>Size</label>
            <div class="btn-group">
                <button type="button" class="btn btn-default">XS</button>
                <button type="button" class="btn btn-default">S</button>
                <button type="button" class="btn btn-default">M</button>
                <button type="button" class="btn btn-default">L</button>
                <button type="button" class="btn btn-default">XL</button>
            </div>
        </div>
        <div class="form-group">
            <button type="submit" class="btn btn-default">联系商家</button>
            <button type="submit" class="btn btn-success">添加到购物车</button>
        </div>
    </form>
```

执行代码，生成效果如图 11.22 所示。

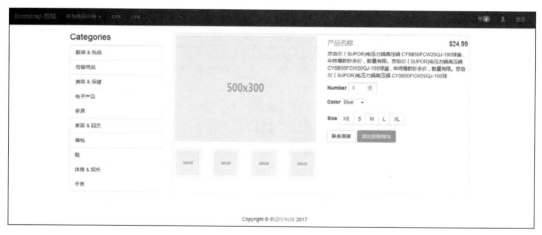

图 11.22　产品型号选择

添加产品细节描述，当然也定义查看数量区块。笔者推荐评级数用 Glyphicons 创建星级查看。用 .wells 样式创建阴影空间，以便于容纳留言内容。代码如下：

```
<div class="description">
    <p>年终爆款秒杀价，数量有限。苏泊尔（SUPOR）电压力锅高压锅，年终爆款秒杀价，数量有限。苏泊尔（SUPOR)电压力锅高压锅</p>
    <p>年终爆款秒杀价，数量有限。苏泊尔（SUPOR）电压力锅高压锅......</p>
    <p>年终爆款秒杀价，数量有限。苏泊尔（SUPOR）电压力锅高压锅，年终爆款秒杀价......</p>
</div>
<div class="ratings">
```

```
    <p class="pull-right">3 reviews</p>
    <p>
        <span class="glyphicon glyphicon-star"></span>
        <span class="glyphicon glyphicon-star"></span>
        <span class="glyphicon glyphicon-star"></span>
        <span class="glyphicon glyphicon-star"></span>
        <span class="glyphicon glyphicon-star-empty"></span>
                4.0 stars
    </p>
</div>
<div class="well">
    <div class="text-right"><a class="btn btn-success">添加评论</a></div>
</div>
```

执行代码，生成效果如图 11.23 所示。

图 11.23　产品描述

添加一些评论以平衡页面，并且让它看起来更像真实网页。所以需要添加如下的代码：

```
<div class="row">
    <div class="col-md-12">
        <span class="glyphicon glyphicon-star"></span>
        <span class="glyphicon glyphicon-star"></span>
        <span class="glyphicon glyphicon-star"></span>
        <span class="glyphicon glyphicon-star"></span>
        <span class="glyphicon glyphicon-star-empty"></span>
                晓乐
        <span class="pull-right">1 天前</span>
        <p>位于 <em>上海</em></p>
        <p>T 买了很多东西 都非常满意 很好的卖家 我的折扣卡升到顶级了吧!!</p>
    </div>
</div>
<hr>
```

```
<div class="row">
    <div class="col-md-12">
        <span class="glyphicon glyphicon-star"></span>
        <span class="glyphicon glyphicon-star"></span>
        <span class="glyphicon glyphicon-star"></span>
        <span class="glyphicon glyphicon-star"></span>
        <span class="glyphicon glyphicon-star-empty"></span>
                Cherle
        <span class="pull-right">2 天前</span>
        <p>位于 <em>江西</em></p>
        <p>我想再订一条，有折扣吗？</p>
    </div>
</div>
<hr>
<div class="row">
    <div class="col-md-12">
        <span class="glyphicon glyphicon-star"></span>
        <span class="glyphicon glyphicon-star"></span>
        <span class="glyphicon glyphicon-star"></span>
        <span class="glyphicon glyphicon-star"></span>
        <span class="glyphicon glyphicon-star-empty"></span>
                Jack Hale
        <span class="pull-right">5 天前</span>
        <p>位于 <em>浙江</em></p>
        <p>衣服还不错，这个价格还值，大小正好，我 158，105 斤，穿 L 码正好，会常来的，谢！</p>
    </div>
</div>
```

在实际的项目中，在电商网站上，需要推荐一些类似产品或其他相关商品，与产品展示类似，可以嵌入设计项目。代码如下：

```
<br><hr><hr>
<div class="row">
    <div class="col-sm-12"><h3>你可能喜欢的商品</h3></div>
    <div class="col-sm-6 col-md-4">
        <div class="thumbnail">
            <img src="http://placehold.it/750x600" alt="">
                <div class="add-to-cart">
                    <a href="#" class="glyphicon glyphicon-plus-sign"
                        data-toggle="tooltip" data-placement="top" title="Add to cart"></a>
                </div>
                <div class="caption">
                    <h4 class="pull-right">$84.99</h4>
                    <h4><a href="product.html">1<sup>st</sup> Product</a></h4>
                    <p>年终爆款秒杀价，数量有限。苏泊尔（SUPOR）电压力锅高压锅，年终爆
款秒</p>
                    <div class="ratings">
                        <p class="pull-right"><a href="product.html#comments">6 reviews</a></p>
                        <p>
                            <span class="glyphicon glyphicon-star"></span>
                            <span class="glyphicon glyphicon-star"></span>
                            <span class="glyphicon glyphicon-star"></span>
```

```
                <span class="glyphicon glyphicon-star-empty"></span>
                <span class="glyphicon glyphicon-star-empty"></span>
            </p>
        </div>
    </div>
</div>
</div>

<div class="col-sm-6 col-md-4">
<div class="thumbnail">
<img src="http://placehold.it/750x600" alt="">
<div class="add-to-cart">
<a href="#" class="glyphicon glyphicon-plus-sign" data-toggle="tooltip" data-placement="top" title=
"Add to cart"></a>
</div>
<div class="caption">
<h4 class="pull-right">$94.99</h4>
<h4><a href="product.html">2<sup>nd</sup> Product</a>
</h4>
<p>年终爆款秒杀价，数量有限。苏泊尔（SUPOR）电压力锅高压锅，年终爆款秒</p>
<div class="ratings">
<p class="pull-right"><a href="product.html#comments">18 评论</a></p>
<p>
<span class="glyphicon glyphicon-star"></span>
<span class="glyphicon glyphicon-star"></span>
<span class="glyphicon glyphicon-star"></span>
<span class="glyphicon glyphicon-star"></span>
<span class="glyphicon glyphicon-star-empty"></span>
</p>
</div>
</div>
</div>
</div>

<div class="col-sm-6 col-md-4">
<div class="thumbnail">
<img src="http://placehold.it/750x600" alt="">
<div class="add-to-cart">
<a href="#" class="glyphicon glyphicon-plus-sign" data-toggle="tooltip" data-placement="top" title=
Add to cart"></a>
</div>
<div class="caption">
<h4 class="pull-right">$54.99</h4>
<h4><a href="product.html">3<sup>rd</sup> Product</a>
</h4>
<p>年终爆款秒杀价，数量有限。苏泊尔（SUPOR）电压力锅高压锅，年终爆款秒</p>
<div class="ratings">
<p class="pull-right"><a href="product.html#comments">56 评论</a></p>
<p>
<span class="glyphicon glyphicon-star"></span>
<span class="glyphicon glyphicon-star"></span>
```

```
<span class="glyphicon glyphicon-star"></span>
<span class="glyphicon glyphicon-star"></span>
<span class="glyphicon glyphicon-star-empty"></span>
</p>
</div>
</div>
</div>
</div>
```

生成效果如图 11.24 所示。

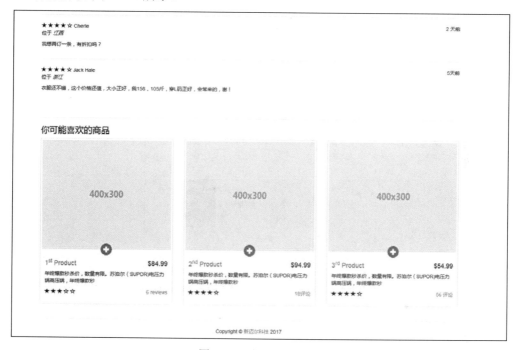

图 11.24 相关产品推荐

从组织编写代码到输出效果，相关推荐的产品用相同的样式名，推荐选择 col-sm-6 col-md-4 样式，至于该为哪个产品设置更宽的样式，完全取决于想展示哪个产品当主打产品。

在实现代码阶段，链接产品到 product.html 页面。通过单击产品到相关的页面，用户可以直接看到一样的产品页面。在最初的项目中，用户能链接产品到他们感兴趣的页面。

本 章 总 结

本章带领读者完成了一次愉快的网站搭建之旅，相信读者也领略到了在实际开发中应用 Bootstrap 快速搭建网站的威力。

"无他，唯手熟尔"，这个道理同样也适用于学习编码。要想创建完美的作品，需要不断练习。Bootstrap 技能学习得越多，就会发现还有更多的要学，在学习过程中，也希望读者能够举一反三，以后再遇到其他前端 UI 框架都可以迅速掌握，而且可以开发出自己的前端 UI 框架。

本 章 作 业

完成如图 11.25 所示的电商页面。

图 11.25　电商首页效果图

第12章

Bootstrap 内核解码

本章简介

至此，相信读者已经能够熟练使用 Bootstrap 框架，并体验到了 Bootstrap 的强悍之处。Bootstrap 框架所提供的功能很强大，希望读者能熟练使用，以便能随心所欲地设计页面。

在实际开发中，如果一些代码遵循一定的使用模式，并在开发中反复应用，可以把这些代码添加到 Bootstrap 扩展中，以便扩展自己的代码库。当然，前提是开发者已熟练掌握 Bootstrap 源代码，并能把握其设计思路和内核结构。

本章将从 Bootstrap 应用阶段上升到源代码分析阶段，解读 Bootstrap 设计原理，为 Bootstrap 二次开发打好基础。

本章工作任务

掌握 Bootstrap 设计原理，为 Bootstrap 二次开发打好基础。

本章技能目标

- ➤ 定义 jQuery 插件。
- ➤ Bootsrtap 设计思想。
- ➤ Bootstrap 框架解析。
- ➤ Bootstrap 内核解疑。

预习作业

- ➤ Bootstrap 框架为什么要采用 12 列栅格系统？

> 什么是类型化样式？
> Bootstrap 插件和 jQuery 插件在结构设计上有何不同？

12.1 Bootstrap 设计思想

Bootstrap 是一个前端开发工具集，实际上它更多的是一个 CSS 框架，提供了一套易用、灵活、可扩展的样式库，内容包含了构建基本 Web 应用程序所需的基本组件，思路清晰，样式精美，值得前端开发人员学习和借鉴。Bootstrap 整体架构分为栅格系统、基本样式、CSS 组件、JavaScript 插件 4 大部分，Bootstrap 所有的表现形式都是构建在这 4 部分之上的。

12.1.1 12 列栅格系统

栅格系统的实现原理为：通过定义容器大小，平分 12 份，再调整内外边距，最后再结合媒体查询，就制作出了强大的响应式的栅格系统。其特点如下：

☑ 一行数据（row）必须包含在.container 中，以便为其赋予合适的对齐方式和内边距。
☑ 使用行（row）在水平方向上创建一组列（column）。
☑ 具体内容应当放置于列（column）内，而且只有列（column）可以作为行（row）的直接子元素。
☑ 使用像.row 和.col-xs-4 这样的样式来快速创建栅格布局。
☑ 通过设置列 padding 从而创建列（column）之间的间隔。然后通过为第一列和最后一列设置负值的 margin 从而抵消掉 padding 的影响。
☑ 栅格系统中的列是通过指定 1～12 的值来表示其跨越范围的。

以上特点可以与源码对照，进行查看。

```
//源码 1584 行
    .container {
        padding-right: 15px;
        padding-left: 15px;
        margin-right: auto;/*左右居中的设置*/
        margin-left: auto;
    }
//源码 1615 行
    .row {
        margin-right: -15px;
        margin-left: -15px;
    }
//源码 1615 行
    .col-xs-1, … .col-lg-12 {
        position: relative;
        min-height: 1px;
```

```
        padding-right: 15px;
        padding-left: 15px;
    }
```

从源码中可以看出，容器（container）随着屏幕宽度变化而变化，为布局提供整体页面宽度限制，而列（column）的宽度是基于整体页面百分比的。行（row）是列（column）的外层容器，row 中最多只能放 12 个 column。container 左右有 15px 的 padding，而 row 左右有-15 的 maingin，刚好抵消父容器 container 的 padding。column 左右有 15px 的 padding，位于页面两边的 column 有 15px 的 padding，可以使内容不会紧挨着边界，同时两个相邻 column 内容之间有了 30px 的间距（槽）。

注意：栅格系统中，列偏移（offset）功能不再定义 margin 值，使用.col-md-offset-*形式的样式就可以将列偏移到右侧。通过列排序（push 与 pull）功能可以改变列的方向，也就是改变左右浮动，并且设置浮动的距离。通过 push 推和 pull 拉，本质是通过 left 和 right 来改变位置。

在栅格系统中，根据宽度将浏览器分为 4 种，其值分别是自动（100%）、750px、970px、1170px，对应的样式为超小（xs）、小型（sm）、中型屏幕（md）、大型（lg）。本质上，是通过媒体查询定义最小宽度实现，所以向大兼容，向小不兼容。

12.1.2　样式类型化

Bootstrap 样式类型化设计是样式优化最有效的途径之一，类型化设计也是抽象化编程思想的应用。当所有类汇集在一起，通过一定的逻辑组织在一起时，就形成了类库。

在 bootstrap.css 文档中，读者会发现样式类与标签样式构成了全部样式，但是 Bootstrap 并没有大量重置标签默认样式，仅对个别浏览器解析存在差异的标签进行样式统一，同时对于一些标签缺陷样式进行修补，以实现标准化视觉设计要求。

Bootstrap 大量地使用样式类，尽量避免破坏标签默认样式，这是 Bootstrap 的设计准则。例如针对表格样式，Bootstrap 没有直接对 table 元素进行重置，而是通过.table 类对表格样式标准化，然后在.table 类下面又发展很多子类。代码如下：

```
//源码 2236 行
.table {
    width: 100%;
    max-width: 100%;
    margin-bottom: 20px;
}
.table    th,
.table    td {}
.table    th{}
.table    thead    th {}
.table    tbody + tbody {}
.table    .table {}
```

这种简单的 CSS 类功能增加了 Bootstrap 的灵活性，使其在网页中广泛应用，为 CSS 样式的抽象性提供了一种选择。样式类的定义方法很简单，但是设计好一套比较实用的类库就很不容易了。Bootstrap 在设计时遵循的基本原则如下。

（1）CSS 的类应体现最小化效果设计原则。这样就能够更灵活地应用样式类。例如，在设计栅格系统时，在列类型中仅指定宽度属性，通用属性通过属性选择器定义，这样设计的样式就比较灵活。

```css
.col-md-12 {
    width: 100%;
}
.col-md-1, ....col-md-12 {
    float: left;
}
```

通过这种方法，用户可以在一个对象中引用多个样式类，它们的位置顺序不会对样式产生影响。注意：如果几个声明被分开之后，没有被重复利用的价值，就不应该再分开定义。

（2）CSS 类型体现通用性。所谓通用性是指具备广泛的应用价值。定义类时除了应该尽可能定义小的样式单元，还应该保证所定义的类具有代表性。例如，下面的类型是页面中经常用到的基本样式，因此可以把它们独立出来进行设计。

```css
.pull-right { float: right !important; }
.pull-left { float:left !important;; }
.hide {display: none !important;}
.show { display: block !important; }
.invisible { visibility: hidden; }
```

（3）当定义 CSS 类库时，要遵循规律，如在命名样式时要有规律，这样在使用和参阅时也可以快速浏览。例如，有关按钮样式类的定义中，通过 btn 前缀，把所有与按钮相关的样式统一起来，这样能够方便使用，也方便管理。

12.1.3 代码松散与耦合的处理

Bootstrap 样式库具有很强的模块化设计特性，没有系统性，代码非常松散，但是 Bootstrap 利用应用体系把这些松散的样式码收拢在一起，避免 CSS 代码冗余。注意，Bootstrap 类样式的体系主要通过 LESS 来设计，用户可以通过 LESS 源代码了解其体系设计思路。

Bootstrap 根据页面对象的功能，分门别类地设计出了多种样式，如按钮类、表格类、表单类、版式、文本代码、图片等。下面简单地列出按钮类、表格类的基本样式类。

```css
.btn {
    display:    inline-block;
    padding: 6px 12px;
    margin-bottom: 0;
    font-size: 14px;
    ……
}
.table {
    width:100%;
```

```
        margin-bottom: 20px;
    }
```

类似的功能类还有很多，读者可以查看 bootstrap.css 源代码。

12.1.4　继承可扩展性

CSS 的继承性体现在结构关系上，且与属性本身存在很大联系，这与编程语言中的继承性有很大不同。CSS 所定义的 100 多种属性中，只有一部分具有继承性，而不是全部都具有继承性。具体来讲，拥有继承性的属性包括如下几大类：

- ☑ 字体属性。
- ☑ 文本属性（个别属性不支持继承）。
- ☑ 表格属性（个别属性不支持继承）。
- ☑ 列表属性。
- ☑ 打印属性（部分属性支持继承）。
- ☑ 声音属性（部分属性支持继承）。
- ☑ 鼠标样式具有继承性。

而盒模型、布局、定位、背景、轮廓和内容等类属性都不具备继承性。CSS 继承的结构性主要体现在内部结构会自动继承外部结构的可继承属性。因此，当希望统一整个 CSS 的字体、字号、字体颜色、行高等基本样式时，不妨在 html 和 body 元素中进行定义，然后通过继承性实现网页字体样式的统一。

```
html {
font-family: sans-serif;
    -webkit-text-size-adjust: 100%;
    -ms-text-size-adjust: 100%;
}
body {margin:0;}
```

如果通过继承性实现网页样式的统一，同时又希望设计个性化组件样式，可以有两种选择方法，一是为对象或组件单独定义样式，二是通过专用类进行设计。例如，在超链接样式中，页面统一为蓝灰色、下划线效果，但是在标签组件中重定义，让其文本呈高亮显示，则主要代码如下：

```
a {
    color: #337ab7;
    text-decoration: none;
}
a:hover,
a:focus {
    color: #23527c;
    text-decoration: underline;
}
a.label:hover,
a.label:focus {
    color: #fff;
```

Note

```
    text-decoration: none;
    cursor: pointer;
}
```

由于 CSS 继承性，所有超链接的字体显示同样的效果，但是由于标签样式的不同，所设置的字体颜色显示效果截然不同。

如果仅就特定组件来说，直接在组件结构中进行定义会方便许多，但是对于 CSS 样式表来说，使用专用类来弥补 CSS 继承性是最佳选择。因为在一个网站中可能会有多处引用，通过类的方式提炼这个样式，就能够达到最优化应用。

类似这样的问题还有很多，例如通用行高与个别栏目的特殊行高，网页默认字体大小与特定栏目的特殊字体大小等。

Bootstrap 在设计思路上一般遵循以下步骤：

☑ 使用 CSS 继承性来统一 CSS 样式表中的基本样式。

☑ 对于特定对象、组件所需要的特殊样式，可以通过重定义的方法来修正继承所带来的问题。

☑ 如果某种特殊样式使用比较普遍，可通过定义特殊类的方式实现修正；如果这种特殊样式使用不是很普遍，则直接合并到组件样式中，避免类的泛滥。

在设计多层包含关系的选择符时，一定要注意 CSS 优先级。当样式表发生层叠时，要保证 CSS 样式在解析时不至于出现各种异常效果。在包含选择符中，空格作为 HTML 结构的路径，明确表明了网页结构的父子级别关系。而没有空格（如 div.hide）则表示同一级路径，所以没有空格表示 HTML 类自身所代表的元素，不过它要比单独指定元素名称的优先级要高，读者可以利用这种关系来提高元素的优先级。

在实际项目开发中，灵活使用 CSS 继承性和包含关系，可以设计出更具灵活性的样式。

12.2　Bootstrap 框架解析

第 12.1 节针对 Bootstrap 的 CSS 框架设计思路进行梳理，本节将重点解析 Bootstrap 插件的脚本。Bootstrap 插件的编写规范值得开发者学习，尤其是 OOP 思想、易维护性、可扩展性和其他设计模式在插件开发过程中的体现。

Bootstrap 内置插件也体现了松耦合性，每个插件都是一段独立的代码和一个封闭的作用域，互不干扰。下面结合按钮插件的源代码进行分析。虽然 bootstrap-button.js 是 Bootstrap 中最简单的插件，但是麻雀虽小，五脏俱全，bootstrap-button.js 仍然反映了 Bootstrap 插件编写的一些基本规范。

12.2.1　源码结构

bootstrap-button.js 插件是基于 jQuery 的扩展插件，可为 HTML 原生的 button 按钮扩展一些简单功能。读者应该比较熟悉按钮插件，只要向<button>标签添加一些额外的 data 属性，就能实现当单击按钮时出现 loading 文字以及模拟复选和单选等功能。

bootstrap-button.js 源码的主体结构如下（具体功能代码请参阅 bootstrap-button.js 源文件）：

```
+function ($) {
"use strict"; //jshint
  // BUTTON PUBLIC CLASS DEFINITION
  // ============================
var Button = function (element, options) {    /*some code*/    }
  Button.DEFAULTS = {   /*some code*/      }
  Button.prototype.setState = function (state) {     /*some code*/      }
  Button.prototype.toggle = function () { /*some code*/ }
    this.$element.toggleClass('active')
  }
  // BUTTON PLUGIN DEFINITION
  // ========================
var old = $.fn.button
  $.fn.button = function (option) { /*some code*/ }
  $.fn.button.Constructor = Button
  // BUTTON NO CONFLICT
  // ==================
  $.fn.button.noConflict = function () { /*some code*/ }
  // BUTTON DATA-API
  // ===============
  $(document).on('click.bs.button.data-api', '[data-toggle^=button]', function (e) {
    /*some code*/
})
}(jQuery);
```

与 jQuery 插件一样，Bootstrap 定义一个匿名函数，并将 jQuery 作为函数参数传递进来执行。这样就可以在闭包中定义私有函数而不破坏全局的命名空间，而把 JavaScript 插件写在一个相对封闭的空间，并开放可以增加扩展的地方，将不可以修改的地方定义成私有成员的属性或方法，以遵循"开闭原则"。

```
!funcrtion($) {
    //代码
} （window.jQuery）
```

其中，!function(){}()是匿名函数的一种写法，它与 function(){}()的写法区别不大。类似的，还有+function(){}()、- function(){}()、~ function(){}()等，只是返回值不同而已。

匿名函数内的代码构成包括以下 4 部分。

☑   PUBLIC CLASS DEFINITION：类定义，定义了插件构造方法类及方法。

☑   PLUGIN DEFINITION：插件定义，这里才是实现插件的地方。

☑   PLUGIN NOCONFLICT：插件命名冲突解决。

☑   DATA API：数据接口。

12.2.2 类定义

插件类通过下面的构造方法来实现：

```
var Button = function (element, options)   {
```

```
        this.$element = $(element);
        this.option = $.extend({},$.fn.button.defaults, options);
    }
```

这种设计方法体现了 JavaScript 的 OOP 思想：定义一个类的构造方法，然后再定义类的方法（属性），这样 new 出来的对象（类的具体实现）就可以调用类的公共方法和访问类的公共属性。在 Button 函数内部定义的属性和方法可以看作是类的私有属性和方法，为 Button.prototype 对象定义的属性和方法都可以看作是类的公共属性和方法。这个类封装了插件对象初始化所需的方法和属性。

这样通过下面的方法就可以定义一个 Button 类型的 btn 对象，这里的 this 就是 btn 对象本身。

代码 var btn=new Button(element,options)接受两个参数：element 和 options。其中，element 是与插件相关联的 DOM 元素，通过代码 this.$element=$(element)，将 element 封装成为一个 jQuery 对象$element，并由 this(btn)对象的$element 属性引用。而 options 是插件的一些设置选项（参数配置对象）。

$.extend(target[,object1] [,object])是 jQuery 工具函数，它的作用是将 object1，……objectN 对象合并到 target 对象中。通过代码 this.options = $.extend({}, $.fn.button.defaults, options)就可以实现用户自定义的 options 覆盖插件的默认 options: $.fn.button.defaults 合并到一个空对象{}中，并由 this(btn)对象的 options 属性引用。通过构造方法，btn 的方法 setState()、toggle()就可以调用 btn 的$element 和 options 属性。

下面再来分析类的方法定义。

1. setState()方法

```
button.prototype.setState = function (state) {
    var d = 'disabled'
    , $el = this.$element
    , data = $el.data()
    , val = $el.is('input') ? 'val' : 'html'
    state = state + 'Text'
    data.resetText || $el.data('resetText', $el[val]())
    $el[val](data[state] || this.options[state])
    // push to event loop to allow forms to submit
    setTimeout(function () {
        state == 'loadingText' ?
            $el.addClass(d).attr(d, d) :$el.removeClass(d).removeAttr(d);
    }, 0)
}
```

上述代码中，setState（state）方法的作用是为$elementI 添加 loading……，loading……是$.fn.button.defaults 属性 loading Text 的默认设置。val = $el.is('input') ? 'val' : 'html'是为了兼容 <button> Submit</button> 和 <input type="button" value="submit"> 两种写法。Data.resetText || $el.data('resetText', $el[val]())中，||是逻辑或，意即||左边的表达式为 true，则不执行||右边的表达式，为 false 则执行||右边的表达式，等价于以下代码：

```
If(!data.resetText){
```

```
        $el.data('resetText', $el[val]());
    }
```

2. toggle()方法

```
button.prototype.toggle = function () {
        var $parent = this.$element.closest('[data-toggle="buttons-radio"]')
        $parent && $parent
        .find('.active')
        .removeClass('active')
        this.$element.toggleClass('active')
    }
```

在上述代码中，toggle()方法的作用是通过为 button 添加'active'的 class 来添加"已添加"的 CSS 样式。

定义好插件的类只是完成了对插件的抽象，即使用属性和方法来描述这个插件，但是尚未完成插件的具体实现，所以还要通过定义 jQuery 级插件对象来实现。

12.2.3　插件定义

1. 插件的 jQuery 对象级定义

插件的 jQuery 对象级定义代码如下：

```
$.fn.button = function (option) {
    return this.each(function () {
            var $this = $(this)
            , data = $this.data('button')
            , options = typeof option == 'object' && option
            if (!data) $this.data('button', (data = new Button(this, options)))
            if (option == 'toggle') data.toggle()
            else if (option) data.setState(option)
    })
}
```

上述代码中，$.fn.button=function(){}是在插件的命名空间$.fn 对象下添加了 button 属性，使用时就可以通过$(selector).button()来调用插件。在分析 jQuery 源码时，会发现这样的架构：

```
jQuery = function( selector, context ) {
    // The jQuery object is actually just the init constructor 'enhanced'
    return new jQuery.fn.init( selector, context, rootjQuery );
},
//some code
jQuer.fn = jQuery.prototype =   {/*some code*/}
jQuer.fn.init.prototype = jQuery.fn;
```

从代码中可以看出，每次在使用$(selector)时，实际上就是调用了 jQuery(selector)函数一次（$是 jQuery 的别名），都会返回一个 jQuery.fn.init 类型的对象，每写一次$(selector)都会生成一个不同的 jQuery 对象。

程序中，return this.each(fuction () {})通过 jQuery.each 方法遍历$(selector)所有 DOM 元

素，然后通过$(this)将每个遍历到的 DOM 元素封装为单一的 jQuery 对象，其作用是：对于$(selector)得到的结果集，通过$(selector).attr('class')方法得到的是单个结果而不是一组结果。

if (!data) $this.data('button', (data=new Button(this,options)))是真正用到 data=new Button (this,options)的地方，整个$.fn.button 的作用就是将每个匹配的 DOM 元素的 data- button 属性引用 new Button(this,option)对象，并通过判断 option 来调用 toggle()方法或 setState()方法。

2. 插件的默认设置定义

```
$.fn.button.defaults = {
    loadingText: 'loading……'
}
```

在 Bootstrap 中，将插件的默认设置设计为$.fn.button 的 defaults 属性，其优点是给开发者修改插件的默认设置提供了方便，开发者只需设置$.fn.button.defaults={/*some code*/}就可以改变插件的默认配置。

3. 插件的构造器

在 Bootstrap 按钮插件中，通过语句"$.fn.button.Constructor = Button"向开发者开放该插件的构造方法类，作为$.fn.button 的 Constructor 属性，使得开发者可以读取插件的构造方法类。

12.2.4 命名冲突的解决

解决的方法与 jQuery 相同，用法类似于$.noConflict，即释放$.fn.button 的控制权，并重新为$.fn.button 命名。这样做的目的是为了在解决插件名称和其他插件有冲突的情况。详细代码如下：

```
$.fn.button.noConflict = fuction () {
    $.fn.button = old
    return this
}
```

12.2.5 数据接口

Bootstrap 的所有插件都提供了 Data 接口，这种方法可以通过 HTML 标签属性来激活插件的脚本行为，避免开发者编写 JavaScript 代码。

在 Bootstrap 按钮插件中，可以看到，通过此方法向所有带有 data-toggle 的<button>标签绑定 click 事件，注意这里用了事件委托的写法。

```
<button data-toggle="button">Click Me</button>
```

在插件源码中，可以看到下面的代码：

```
$(document).on('click.button.data-api', '[data-toggle^=button]', function (e) {
    var $btn = $(e.target)
    if (!$btn.hasClass('btn')) $btn = $btn.closest('.btn')
    $btn.button('toggle')
})
```

上面的代码通过委托的方式为页面中所有定义了 data-toggle="button"的属性定义事件，这样就不用再写$(selector).button(options)来初始化插件，只要页面加载，插件就自动完成初始化。

12.3 定义 jQuery 插件

jQuery 允许开发人员自定义 jQuery 扩展功能，并提供了友好的接口。Bootstrap 框架也是 jQuery 的一个扩展插件，因此也应该遵循 jQuery 插件的基本设计原则，并保持相同用法。

12.3.1 jQuery 插件形式

开发 jQuery 插件包括 3 种形式。

第一种形式是把一些常用或者重复使用的功能定义为方法，然后绑定到 jQuery 对象上，从而成为 jQuery 对象的一个扩展方法。大部分 jQuery 插件都是这种形式的插件，Bootstrap 插件也不例外。在使用时，可以直接在 jQuery 对象上调用 Bootstrap 方法，将对象方法封装起来，对通过 jQuery 选择器获取的 jQuery 对象进行操作，从而发挥 jQuery 强大的选择器优势。

第二种形式是在 jQuery 上直接定义实用工具函数，把自定义的工具函数独立绑定到 jQuery 对象上，这样做就不能在选择器获取 jQuery 对象上直接调用，需要通过 jQuery.fn()或者$.fn()方式进行引用。

第三种形式是开发者自定义选择器，以满足特定环境下选择元素的需要。

12.3.2 jQuery 插件规范

jQuery 开发团队制定了一些 jQuery 插件通用规则，以为用户创建一个通用而可信的环境。建议读者在自定义插件之前阅读并遵守这些规则，确保自定义插件与其他代码整合时遵守这些规则。这样不仅能保证插件代码的统一性，还能增加插件的成功几率。

1. 命名规则

jQuery.Plug-in_name.js

其中，plug-in_name 表示插件的名称。在该文件中，所有全局函数都应该包含在名为 plug-in_name 的对象中。如果插件只有一个函数，可以考虑使用 jQuery.plug-in_name()形式。

插件中的对象方法可以灵活命名，但是应保持相同的命名风格。如果要定义多个方法，建议在方法名前添加插件名前缀，以提升可读性。不要使用过于简短、语义含糊的缩写名和公共方法名等，这样很容易与外界的方法混淆，从而引起歧义。

Bootstrap 插件由于是在 Bootstrap 框架下进行定义，因而在插件命名时，没有严格遵循 jQuery 插件命名规则，而是遵循自己的一套规则，以 bootstrap 为前缀，后面附加功能名称，如 bootstrap-affix.js、bootstrap-alert.js 和 bootstrap-button.js 等。

2. 编码规则

☑ 所有新方法都附加到 jQuery.fn 对象上。

☑ 所有新功能都附加到 jQuery 对象上。

3. this 指定

jQuery 插件内的 this 应该引用 jQuery 对象。

让所有插件在引用 this 时，知道从 jQuery 接收到哪个对象。所有 jQuery 方法都是在一个 jQuery 对象的环境中调用，因此函数体中的 this 关键字总是指向该函数的上下文，即 this 此时是一个包含多个 DOM 元素的伪数组（Object 对象）。但是，在插件函数内部方法中，this 不再指代当前 jQuery 对象，而是 jQuery 对象中包含的每一个 DOM 元素的 jQuery 对象。同样，在 each() 函数内，this 指代的是每个匹配的 DOM 元素。因此，在使用时还必须把 this 包装为 jQuery 对象(var $this=$(this))才能够正确使用。代码如下：

```
$. fn. Alert = function (option) {
    return this.each(function () {
        var $this = $(this),
        data = $this.data('alert')
        if (!data)   $this.data('alert', (data = new Alert(this)))
            if(typeof option == 'string')   data[option].call($this)
    })
}
```

4. 迭代元素

使用 this.each() 迭代匹配的元素。

插件应该调用 this.each() 来迭代所有匹配的元素，然后依次操作每个 DOM 元素。在 this.each() 方法体内，this 就不再引用 jQuery 对象，而是引用当前匹配的 DOM 元素对象。

5. 返回 jQuery 对象

插件应该有返回值，除了特定需求外，所有方法都必须返回 jQuery 对象。

一般应该返回当前上下文环境中的 jQuery 对象，即 this 关键字引用的数组。通过这种方式，可以保持 jQuery 框架内方法的连续行为，即链式语法。如果破坏这种规则，就会给用户开发带来诸多不便。

如果匹配的对象集合被修改，则应该通过调用 pushStack() 方法创建新的 jQuery 对象，并返回这个新对象。如果返回值不是 jQuery 对象，则应该明确说明。

6. 语法严谨

插件中定义的所有方法或函数，末尾都必须加上分号（即 ";"），以方便代码压缩。

7. 区别 jQuery 和$

在插件代码中总是使用 jQuery 而不是$。

$并不总是等于 jQuery，这一点很重要。例如，语句 "var JQ=jQuery.noConflict();"，如果将 jQuery 替换为$别名，就会引发错误。另外，其他 JavaScript 框架也可能使用$别名。在复杂的插件中，如果全部使用 jQuery 代替$，又会让人难以接受这种复杂的写法，为了解决这个问题，建议使用如下插件模式：

```
(function($) {
    //在插件包中使用$代替 jQuery
})(jQuery);
```

该包装函数用于接受一个参数，该参数传递的是 jQuery 全局对象。由于参数命名为$，因此在函数体内就可以安全使用$别名，而不用担心命名冲突。

12.3.3　jQuery 插件封装

封装 jQuery 的第一步是定义一个独立域，代码如下：

```
(function($){
    //自定义插件代码
})(jQuery)    //封闭插件
```

然后是确定插件类型，选择创建方式。例如，创建一个设置元素字体颜色的插件，则应该创建 jQuery 对象方法。考虑到 jQuery 提供了插件扩展方法 extend()，调用该方法定义插件会更为规范。

```
(function($) {
    $.extend($.fn,{    //jQuery 对象方法扩展
    //函数列表
})(jQuery)    //封装插件
```

一般插件都会接受参数，用来控制插件的行为。根据 jQuery 设计习惯，可以把所有参数以列表形式封装在选项对象中。例如，对于设置元素字体颜色的插件，应该允许用户设置字体颜色，同时还应考虑如果用户没有设置颜色，则应使用默认色。实现代码如下：

```
(function($) {
    $.extend($.fn,{
        color: function(options) {               //自定义插件名称
        var options = $.extend({                 //参数选项对象处理
        bcolor: "white",                         //背景色默认值
        fcolor: "black"                          //前景色默认值
        },options);
        return this.each(function(){             //返回匹配的 jQuery 对象
            $(this).css("color",option.fcolor);  //遍历设置 DOM 字体颜色
            $(this).css("backgroundColor",options.bcolor);  //遍历设置 DOM 背景颜色
        })
    }
})( jQuery);                                     //封装插件
```

完成插件封装之后，应该测试一下自定义的 color()方法，演示效果如图 12.1 所示。

```
<!doctype html>
<html>
    <head>
        <meta charset="utf-8">
        <title></title>
```

```
<script type="text/javascript" src="bootstrap/js/jquery-1.9.1.js"></script>
<script type="text/javascript">
    (function($){
        $.extend($.fn,{
            color : function(options){
                var options = $.extend({
                    bcolor : "white",
                    fcolor : "black"
                },options);
                return this.each(function(){
                $(this).css("color", options.fcolor);
                $(this).css("backgroundColor", options.bcolor);
            })
        }
    })
    })(jQuery);          //封装插件
    $(function(){
        $("p").color({
            bcolor : "blue",
            fcolor : "red"
        });
    })
</script>
</head>
<body>
    <p>段落文本 1</p>
    <p>段落文本 2</p>
    <p>段落文本 3</p>
    <p>段落文本 4</p>
    <p>段落文本 5</p>
    <p>段落文本 6</p>
</body>
</html>
```

图 12.1　封装 jQuery 插件

本 章 总 结

本章从 Bootstrap 的设计开发者角度，简单分析了 Bootstrap 框架的应用方法。这是一种模型组合方法，把一些常用的模块固定化，开发者可以直接调用其模块。Bootstrap 的思路和操作都非常简单。

Bootstrap 可以简化 Web 前端开发流程，节省开发时间与前后端的沟通成本。应用 Bootstrap 设计思想，读者可以组建适合自己项目的 Web 前端开发框架。

本 章 作 业

思考并回答以下问题：

1．Bootstrap 的整体架构分为几部分？

2．Bootstrap 的颜色样式有哪些？

3．Bootstrap 的尺寸样式有哪些？

4．Bootstrap 的状态样式有哪些？

5．Bootstrap 的特殊样式有哪些？

6．开发项目中引入 Bootstrap 的优势是什么？